◎ 中国热带农业科学院热带作物品种资源研究所
◎ 中国热带农业科学院环境与植物保护研究所
组织编写

优质生产技术

◎ 黄丽娜　魏守兴　主编
◎ 漆艳香　曾凡云　张欣　副主编

中国农业科学技术出版社

图书在版编目（CIP）数据

宝岛蕉优质生产技术 / 黄丽娜，魏守兴主编 .—北京：中国农业科学技术出版社，2017. 11

ISBN 978-7-5116-3325-5

Ⅰ. ①宝… Ⅱ. ①黄…②魏… Ⅲ. ①香蕉-果树园艺 Ⅳ. ①S668. 1

中国版本图书馆 CIP 数据核字（2017）第 261995 号

责任编辑 李 雪 徐定娜 王晓芳
责任校对 贾海霞

出 版 者 中国农业科学技术出版社
北京市中关村南大街 12 号 邮编：100081
电 话 (010)82105169(编辑室) (010)82109702(发行部)
(010)82109709(读者服务部)
传 真 (010)82106626
网 址 http://www.castp.cn
经 销 者 各地新华书店
印 刷 者 北京科信印刷有限公司
开 本 710 mm×1 000 mm 1/16
印 张 13. 75
字 数 201 千字
版 次 2017 年 11 月第 1 版 2017 年 11 月第 1 次印刷
定 价 36. 00 元

《宝岛蕉优质生产技术》

编写人员

主　　编： 黄丽娜　魏守兴

副 主 编： 漆艳香　曾凡云　张　欣

编写人员：（按姓氏笔画排序）

马小东　张　欣　赵增贤　胡美娇

黄丽娜　程世敏　曾凡云　谢子四

谢艺贤　漆艳香　魏守兴　魏军亚

前 言

我国热带、亚热带地区（简称“热区”），指我国热带和南亚热带地区，主要分布在海南、广东、广西壮族自治区（以下简称广西）、中国台湾等省区（约北纬 18°～24°），以及云南、贵州、四川的干热河谷区域。该区域土地总面积 48 万平方千米，占全国土地总面积的 5%，是我国热带水果发展的沃土和根源。热区农业明显特征之一是光、热、水资源充沛，土壤肥沃，四季常绿，全年都能满足作物的生长，是发展热带水果的最佳区域。香蕉、芒果、荔枝和菠萝作为热区四大佳果，营养价值高、经济效益好，是典型的高效特色农业。尤其香蕉作为全球鲜销量最大的水果，也是世界上最重要的热带水果，位居世界四大名果之列。改革开放 30 多年来，香蕉产业已发展成为我国热带农业中的支柱产业之一，在南方热区经济和农村社会发展过程中发挥着重要的作用，已成为生活在热带地区 1.6 亿人民群众发展生产、增加收入的重要来源。

香蕉作为一种单子叶草本植物，属芭蕉科芭蕉属，为世界上热带亚热带重要鲜果树种之一，不仅是世界农业中的支柱性产业，也是世界贸易中的大宗水果。香蕉香甜可口，不仅含有丰富的营养价值，而且茎、花、果、根等具有较高的药用价值。在一些发展中国家，香蕉甚至是仅次于水稻、小麦和玉米的全球第 4 大的主食农作物。因此可见，香蕉在农业生产中发挥着举足轻重的作用，尤其在热带亚热带地区的农业生产中更是如此。中国是香蕉的原产地之一，有 3000 多年的香蕉栽培历史。我国香蕉种植区主要分布在广西壮族自治区（以下简称广西）、海南、广东、云南、福建、中国台湾等省（市、自治区），四川、贵州南部也有少量栽培。我国香蕉产业经过近 50 年的持续发展，2011 年全国栽培面积达到 40.33 万公顷，居世界第 5 位，总产量达 1 070.57万吨，占世界总产量的 10.05%，成为全球产量仅次于印度的香蕉生产大国。香蕉种植业已发展为我国华南诸省农业结构调整中实现农民增收的主要高效经济作物。目前我国香蕉产业基本形成了几大优势区域，优势区域内香蕉产业发展带动了诸如农药、化肥、有机肥供应、包装材料生产、运输配套、储存加工等行业的发展，形成了一个以香蕉果品为龙头的产业集群和产业链条。

我国的香蕉产业不仅发展速度快，而且正在向规模化、产业化和效益化的方向发展。中国香蕉产业发展迅猛，发展空间较大，未来一段时期还将继续保持较高的增长速度，但总体上说，中国香蕉产业产业化和组织化程度偏低，企业规模小且分散，产业内部也存在着种植结构不尽合理、标准化程度不高、保鲜综合处理不足等突出问题，整个产业存在一定的脆弱性，其发展不断受到国内外各种因素冲击，制约着我国香蕉产业的发展。在这些冲击因素中，香蕉病害的危害也日益严重，尤其香蕉枯萎病已经给我国及世界的香蕉生产带来极大威胁。香蕉枯萎病又称巴拿马病、黄叶病，是一种毁灭性维管束系统性的病害，其病原菌为古巴尖孢镰孢菌（*Fusarium oxysporum* f. sp. *cubense*，Foc），属于半知菌，为古巴专化型，是一种土壤习居菌。该病害现广泛分布于南太平洋、亚洲、澳大利亚、非洲、及美洲热带的香蕉产区，我国广东、广西、云南、海南、福建和我国台湾等省区也有分布。感染香蕉枯萎病的蕉园，轻则减产，重则香蕉成片枯黄、甚至死亡，造成香蕉绝产；我国不少传统植蕉区不得不改种其他作物。香蕉枯萎病是真菌性病害，通过土壤、灌溉水流动和染病吸芽繁殖材料进行传播。目前，香蕉栽培种多属于三倍体，主要以无性繁殖延续后代，丧失遗传多样性，使其逐渐丧失抵抗病害的能力。目前有许多控制枯萎病的化学防治和农业防治措施，如改良土壤理化性质，配合水旱轮作等效果显著，但需花费大量的劳力和财力。选育并科学利用抗枯萎病香蕉品种是最经济、最有效控制枯萎病的可持续策略。国内外相继开展了香蕉抗病育种及枯萎病综合防控技术研究，取得了较好的成果。

宝岛蕉是中国热带农业科学院2002年从我国台湾引进，经多年的试种，从田间表现优良的单株中挖取吸芽不断进行组培驯化，获得了品种认定，并成为“十二五”“十三五”期间我国香蕉产业技术体系主推的抗枯萎病品种之一。宝岛蕉作为目前中国抗香蕉枯萎病品种选育的主要母本来源，因其高产、优质、稳定，现已成为农业部在枯萎病疫区主推的香蕉品种，在中国香蕉疫区种植面积不断扩大，并有逐步取代其他抗枯萎病品种的趋势。

本书以宝岛蕉优质生产技术为核心内容，在多年来本单位关于香蕉研究、生产的基础上，分别阐述了香蕉抗枯萎病品种选育、香蕉种苗繁殖及高效栽培、病虫害防治等相关技术，并参考生产实践的田间管理措施，编写了宝岛蕉水肥、农药管理工作月历表。具体内容分别是：第一章概述（魏守兴撰写）；第二章香蕉枯萎病及防治研究（漆艳香、张欣撰写）；第三章我国香蕉抗枯萎病品种选育及主要品种（魏守兴、张欣撰写）；第四章宝岛蕉种苗繁殖技术（魏军亚、谢子四、马小东撰写）；第五章宝岛蕉生长发育规律（黄丽娜撰写）；第六章宝岛蕉高效栽培技术（魏守兴，黄丽娜撰写）；第七章宝岛蕉病虫害综合防治（曾凡云、张欣撰写）；第八章宝岛蕉果实采收、贮运保鲜及催熟技术（胡美娇撰写）；第九章宝岛蕉自然灾害的预防及灾后管理（黄丽娜撰写）。黄丽娜负责本书整体框架的构建及最后的审稿、校对。在此书出版之际，作者对国家香蕉产业技术体系项目提供的资助深表谢意！虽然作者进行了宝岛蕉品种的选育、审（认）定及大田生产等工作，并通过该书试图系统地介绍宝岛蕉优质生产技术，但受研究和认识水平所限，难免存在不足之处，恳请广大读者和同行不吝指正，以便提高我国香蕉抗枯萎病品种宝岛蕉的研究水平。

编 者

2017年7月

目　　录

第一章　概　述

一、发展香蕉生产的意义

香蕉（Musa nana Lour.）是全球鲜销量最大的水果，也是世界最重要的热带水果，位居全球四大名果之列。香蕉作为世界上进出口贸易量最大的水果，年交易量居各类水果之首，交易金额居第二。香蕉也是世界上许多发展中国家和地区农民的主要粮食，被联合国粮农组织认定为仅次于水稻、小麦、玉米之后的第四大粮食作物。在我国，香蕉是我国第四大水果，也是我国华南地区重要果品草本植物，总产量在我国热带、亚热带水果中居首位。

（一）香蕉的营养价值

从香蕉的生物形状来看，香蕉属于芭蕉群（Scitamineae）的芭蕉科（Musaceae）。芭蕉科有两个属：衣蕉和芭蕉。宝岛蕉属于芭蕉科的芭蕉属。芭蕉属有 5 个区，其中一个区为真芭蕉（Emusa），其花序向下垂悬，汁液呈乳汁或水状。食用蕉属真芭蕉，也就是广义上所说的香芽蕉。

香蕉以其鲜艳的色泽、独特的风味以及丰富的营养、天然无籽、剥食容易等特点，深受人们喜爱，是人们日常生活不可缺少的食品。因此，香蕉已成为目前交易量最大宗的热带水果及热区主要经济作物。香蕉肉质柔软，清甜可口而有香味，营养丰富，利于消化，是一种老少皆宜的水果佳品。香蕉对环境的适应性较强，周年都有果实生产，可作为其他大宗作物青黄不接时期人类的重要营养来源。据分析，每 100 克香蕉果肉中含蛋白质 1.2 克，脂肪 0.5 克，碳水化合物 19.5 克，粗纤维 0.9 克，钙 9 毫克，磷 31 毫克，铁 0.6 毫克，还含有胡萝卜素、硫胺素、烟酸、维生素 C、维生素 E 及丰富的微量元素钾等。另外，香蕉未熟果实中含有丰富的膳食纤维，平均每 100 克果实中就含有 56.24 克膳食纤维，包括抗性淀粉 48.99 克，果聚糖 0.05 克和其他膳食纤维 7.20 克，同时还有菜油甾醇 4.1 毫克，豆甾醇 2.5 毫克和 β-谷甾醇 6.2 毫克等植物甾醇类抗氧化活性物质。香蕉后熟过程果肉的主要变化是淀粉转化成糖，其中葡萄糖、果糖、蔗糖的比例为 20：15：65，其他糖的含量极低；此外果实中还含有丰富的儿茶素、棓儿茶酸、表儿茶精以及单宁等。香蕉果实有机酸主要为苹果酸，其次为草酸和柠檬酸。香蕉的香味物质主要是酯类化合物，如 2-戊基 3-羟基己酸酯具有特殊的香气，最容易被果蝇识别，能促进人体的消化，增强人体免疫力。

与芒果、菠萝、番木瓜等相比，香蕉的碳水化合物含量较高，其热量也比较高。大蕉的碳水化合物含量比香蕉的还高 25%。在非洲、中南美洲、太平洋上许多岛屿，大蕉是当地主要粮食；除生食外，还可以蒸、煮、烤、炸食。在许多地方，大蕉心和雄花蕾也被当地人作为蔬菜食用。香蕉大约 95%用于鲜食，5%用于加工，加工主要包括切片晒干、油炸或研磨成粉、制香蕉汁和香蕉酱、酿酒。在非洲，大量啤酒是由特定的香蕉啤酒酿制而成，富含维生素，具有较高的营养价值。香蕉粉在热带地区常用来做曲奇饼。捣烂的香蕉泥冷冻，可用于制作奶昔、饼、冰淇淋。在菲律宾，香蕉酱用途广泛，周年都有供应。在珠江三角洲和云南等地，大蕉的花蕾常被用来煮猪肉，或作为保健美食“减肥汤”。部分香蕉产品见图 1-1。

香蕉除含有上述丰富的营养物质外，还具有较高的药用价值。香蕉果实是低脂肪、低胆固醇和低盐的食物，适宜推荐给过度肥胖者和老年病人。香蕉因其性寒、味甘、无毒，具有止渴、润肺肠、利便等作用，大蕉还可以健胃。常食香蕉能促进人体健康，增加食欲，帮助消化，增强人体抗疾病能力。除果实外，香蕉叶、花、根等器官都可入药。我国著名医学家李时珍在《本草纲目》中写到：生食（芭蕉）可以止渴润

a. 香蕉啤酒；b. 香蕉干；c. 香蕉奶昔；d. 香蕉酱

图 1-1　香蕉产品

肺，通血脉，填骨髓，合金疮，解酒毒。根主治痈肿结热，捣烂敷肿；捣汁服，治产后血胀闷、风虫牙痛、天行狂热。叶主治肿毒初发。研究表明，香蕉的化学成分与胃内膜黏液相似，可减轻胃溃疡及痢疾。在非洲，大蕉作为传统药物，被广泛用来预防口腔溃疡、牙病、白内障、痢疾、闭尿、更年期心悸、心脏病等疾病。成熟香蕉皮捣碎，可用于敷伤口；香蕉果皮内层可抗感染，急救时可直接用香蕉皮包扎伤口。香蕉皮还可以治疗某些皮肤病，以及开发作为护肤产品。同时，香蕉果实中含有丰富的类黄酮和多酚，因此具有抗肿瘤和细胞保护作用。另外，香蕉是重要的食用安全性作物，是廉价而又易于生产的能量来源。

香蕉含有葡萄糖、果糖、淀粉、蛋白质、脂肪、胡萝卜素、尼克酸、果胶、维生素 A、维生素 B、维生素 C、维生素 E、钙、磷、铁、钾、钠等物质，因此其常被成为“能源应急库”。香蕉所含糖很容易被消化分解为碳水化合物，供人体吸收。常食香蕉有益健康，能缓解过度紧张，且不会使人发胖，是保持身材苗条、肌肤柔软的佳果。香蕉中还含有一种能帮助人的大脑产生5-羟色胺的物质，能使人心情愉快，减少忧愁烦恼；磷可以保持人体肌肉和神经的正常功能，还可以避免人体内部过热。钾有助于预防神经疲劳。香蕉又是患有消化系统肿瘤病人的最好食品，是唯一可进食的水果。

（二）香蕉的经济价值

香蕉是种植周期短、高产作物，投资少，见效快，周年种植，周年开花结实，周年供应，是国内外水果市场上经济效益最显著的水果产品之一，深受各香蕉生产国及蕉农的重视。在良好的栽培条件和管理水平下，一般中、高产的香蕉园每亩（1亩约等于667平方米，15亩=1公顷，全书同）产量可在333～667千克；在正常的管理条件下每亩香蕉可获纯利2 000～7 000元，是香蕉主要种植地区农民收入的重要组成部分。全球种植香蕉的国家（地区）约有130个，主要分布在亚洲、拉丁美洲和非洲的发展中国家。香蕉产业诞生了全球最大的三家农业跨国企业，即美国的Chiquita（金吉达）、Dole Food（都乐）和Del Monte（地盟），加上爱尔兰的Fyffes公司和厄瓜多尔的Noboa公司，都在南美洲和菲律宾等地拥有大规模香蕉生产基地，并建立全球香蕉现代物流销售网络，共同垄断国际香蕉市场约80%的份额。

香蕉产业属劳动密集型产业，能有效增加就业并促进农民收入增长。因此，随着我国解放后香蕉种植业的发展，香蕉主要种植区当地政府及农业部门几乎都把香蕉产业作为重要的农业产业来抓。在我国广东茂名-雷州半岛、珠江三角洲、海南等香蕉优势产区，各级政府均非常重视香蕉的生产与发展，积极带领蕉农跑市场、引品种、抓技术，为香蕉生产营造良好的环境。为农村劳动力开辟新的就业门路和增收渠道的同时，香蕉产业的发展还带动了种苗、加工、运输、包装和生产资料等香蕉配套行业。2015年我国香蕉种植面积超过500万亩，年产量1 000万吨，产值400多亿元，种植业就能解决400多万人的就业问题，如考虑配套服务行业，可达600多万人。香蕉产业已经成为广大热区农民收入的主要来源之一。目前在我国海南、广东、广西、云南和福建等香蕉主产区，有大批农民发展香蕉及配套行业富裕起来，诞生了许多香蕉专业乡镇和村、合作社，因香蕉致富的蕉农建起了一座座小洋楼，这些洋楼被称为“香蕉楼”。

香蕉的假茎、吸芽、花蕾等器官中含有大量的营养物质，是很好的青饲料，可用于喂猪。蕉茎叶比其他农作物秸秆中的无氮浸出物含量高，茎的木髓中含有铜、铁、锌、镁、钙等矿物质，叶中粗蛋白的含量较高，还具有轻泻作用，总体来说香蕉茎秆营养价值较高。假茎及叶片中含钾量较高，将假茎切碎堆沤，然后将其施入蕉园，可有效地增加土壤有机质含量，提高土壤肥力。香蕉假茎烧灰中含有一种碱液叫庚油，可提取出来作为食物防腐剂和染料的固定剂。蕉株假茎还可加工制造纸板、卫生纸等。香蕉汁液可染布（褐色，其色不褪），也可制墨水。此外，尚有部分香蕉可供观赏，如印度红蕉、南美洲的龙虾蕉。

（三）香蕉的应用价值

香蕉是多年生植物，周年覆盖土壤，因此具有保持水土、防风固沙的作用。香蕉植株残体常被用作土壤覆盖物、肥料和稳定的有机质。在很多国家，香蕉不仅仅局限于粮食作物，还为人类提供了大量的纤维素和果胶。香蕉的假茎纤维可用做造纸及其他纺织材料，从假茎中提取的纤维可编制袋、绳索或其他织物。广东省造纸研究所分析，香蕉假茎含木质素12.37%，纤维素33.00%，用香蕉假茎为材料，成功制成水泥袋内层纸。香蕉球茎幼嫩吸芽及花蕾可用作饲料。香蕉不仅是酿制啤酒的原料，香蕉汁还能作为制啤过程的调节剂。香蕉皮本来是一种农业废料，但是随着工业技术的不断发展，这种下脚料不断地被开发成绿色环保的有用物质。美国科学家以香蕉皮做原料，在37℃条件下发酵15小时可以生产乙醇；Karthikeyan A 和 Sivakumar N 报道香蕉皮可以做为底物发酵生产柠檬酸。香蕉皮还能发酵生产漆酶，还可以做净水剂。香蕉皮能吸收铵态氮，在pH10的条件下，在1升的容积里，138毫克的铵态氮25分钟之后只剩下13毫克。香蕉皮还能吸收镉等重金属，可以选择性去除工业废水中的重金属。香蕉皮还可以吸收压榨橄榄油的工业废水中的多酚物质。香蕉皮可以做生物农药。2010年，Banker A等报道香蕉皮作为一种天然绿色环保的新型生物原料能提取金色的纳米粒子，对很多真菌和细菌都有广谱的抗性。综上所述，香蕉全身都是宝。香蕉不仅是热区农民的“钱袋子”，而且具有很多其他水果没有的营养价值、药用价值和广泛的应用价值。我们要充分挖掘和利用香蕉的潜在价值，提高其作为农副产品的附加值，确保香蕉产业的可持续健康发展。

（四）其他价值

由于资源的相似性，香蕉已成为海峡两岸合作的重要领域，成效显著。近十几年来，由于劳动力和土地成本的增加，20世纪60～80年代中国台湾鼎盛的香蕉产业开始衰败，但是其先进的生产技术、管理经验和海外市场份额，为两岸合作提供了广阔的空间。如中国热带农业科学院同中国台湾香蕉研究所、台湾青果联合社在种苗、生产技术、田间管理和开拓国外市场等方面进行了广泛的合作，为我国香蕉发展提供了有力的支撑。香蕉也是加强我国与发展中国家交往的纽带，特别是中国—东盟自由贸易区的建设，以及国家“走出去”战略的逐步落实，为香蕉国际间合作和国内香蕉企业“走出去”提供了历史机遇。我国与东盟国家在香蕉生产、加工和市场等领域的国际间合作，存在明显的优势互补和巨大的发展空间，非常有利于我国利用“两个市场、两种资源”同发展中国家交往，增强国家间的友谊，促进我国经济发展。因此，发展香蕉产业除经济价值外，还具有积极的地缘政治意义。

香蕉是重要的转基因材料和载体，是国内外当今基因工程研究中的重点作物之一。虽然目前还没有获得商品化生产的转基因香蕉品种，但在国内外多个实验室已经成功地构建了香蕉的转基因再生体系，并获得了转基因香蕉植株，这对于培育抗病虫害、抗逆、具有优良品质特性等香蕉品种，以及开发香蕉口服疫苗等基因工程产品奠定了坚实的基础。

二、香蕉栽培历史及地理分布

（一）世界香蕉栽培历史及地理分布

香蕉是世界上栽培植物中最古老的树种之一，早在4000多年前的古希腊已有相关的文字记载，原产亚洲东南部的印度、马来西亚等地。公元前500—600年，印度文献最早记载了香蕉栽培。香蕉在公元前5世纪由马来西亚传至马达加斯加，再传至非洲（也有说由阿拉伯人传至非洲的），大约在15世纪香蕉被引种到美洲。香蕉在非洲的栽培历史相当悠久，在非洲生长着上百个煮食蕉品种，在与非洲大湖区相邻的国家和地区也可以找到超过60种高地香蕉品种。生产香蕉的国家有100多个，生产区域主要集中在热带和亚热带地区。据联合国粮农组织（FAO）统计数据显示，2000年全球香蕉产量为66.0百万吨，2013年增长至106.0百万吨，2014年达到106.2百万吨（图1-2）。综合2000—2014年全球香蕉产量可知，香蕉全球产量呈现逐渐上升趋势，2010年后趋于平缓。就地区而论，亚洲是全球最大的香蕉产区，美洲居第二位（图1-3）。

据FAO最新统计，2013年世界香（大）蕉产业收获面积1.58亿亩，同比增加1.94%，其中前6位主产国的香（大）蕉收获面积分别为：乌干达2 677.95万亩、印度1 194.00万亩、坦桑尼亚1 139.39万亩、巴西727.61万亩、尼日利亚675.00万亩、中国595.67万亩，分别占世界总面积的16.95%、7.56%、7.21%、4.61%、4.27%和3.77%。近年来，世界香（大）蕉产量和单产水平保持增长趋势，但2012年略有下降。2013年世界香（大）蕉总产量1.45亿吨，同比增加4.32%，其中，印度2 757.50万吨、中国1 211.46万吨、乌干达950.40万吨、菲律宾864.57万吨、巴西689.26万吨、厄瓜多尔654.97万吨，分别占世界总产量的19.02%、8.53%、6.55%、5.96%、4.75%和4.52%。世界平均单产917.72千克/亩，其中，世界香（大）蕉单产最高的国家为叙

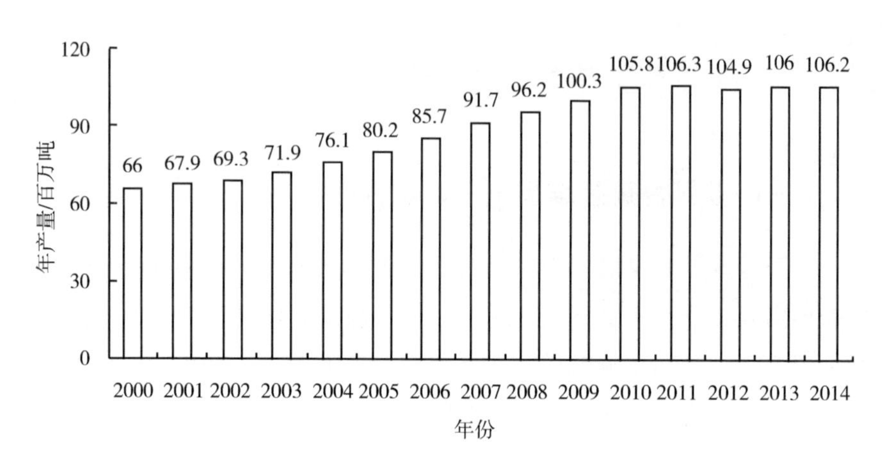

图 1-2　2000—2014 年全球香蕉产量

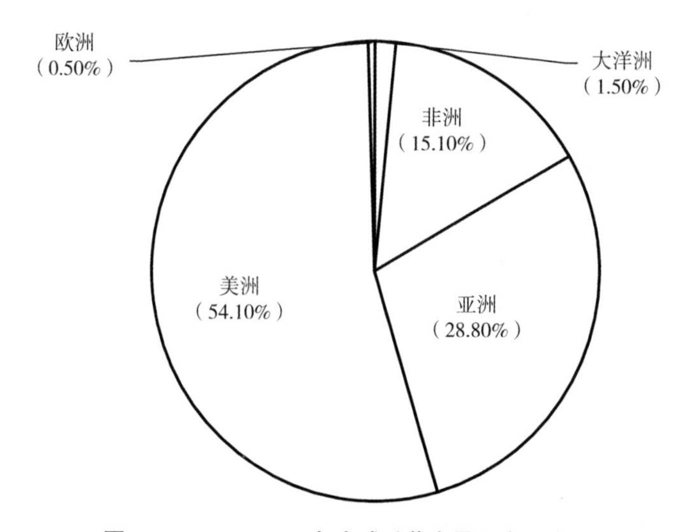

图 1-3　2000—2014 年全球香蕉产量及产区格局

数据来源：《2016—2022 年中国水果产业市场调查与发展趋势研究报告》

利亚，达 4 900 千克/亩，五大主产国（以产量计）的单产为：印度 2 309千克/亩，中国 2 202.72千克/亩，乌干达 355.00 千克/亩，菲律宾 1 293 千克/亩，巴西 947 千克/亩。受香蕉枯萎病、台风等影响，2014、2015 年全球香（大）蕉产量估计有所下降。

（二）中国香蕉栽培历史及地理分布

中国也是蕉类植物的发源地之一，有着丰富的遗传类型和栽培品种。芭蕉科两个属在我国都有分布，其中衣蕉属仅象腿蕉一个种，分布于四川南部和云南省，其余绝大部分种质归类于芭蕉属。芭蕉属有6种野生蕉起源于我国，现在国内外广泛栽培的品种矮把香蕉也原产我国。在我国云南、广西、广东、四川和贵州等地分布着一些抗寒、抗病虫害的珍稀香蕉种质，现已受到了国际遗传组织的高度重视。据古籍记载，中国香蕉栽培有3 000多年的历史，是世界上香蕉栽培历史最悠久的国家之一。在距今2100年前，汉武帝在京都建造“上林苑”中，就有从岭南地区引种“芭蕉二本”，当时主要把香蕉作为观赏植物。古籍《南方草木状》《齐民要术》等书，对香蕉品种作了详细记载，“芭蕉有三种：一种是子大如拇指，长而锐，有似羊角，名羊角蕉，味最好。一种是子大如鸡卵，有似牛乳，味微次羊角。一种是蕉大如藕，长6、7寸，形正方，名方蕉，少甘，味最弱”。又据公元1776年李调元《南越笔记》记载：“广东甘蕉子以香牙蕉为美，一名龙奶，奶乳也。美若龙之奶，不可多得，然食之寒气沁心”。“其叶有朱砂斑点，植之以木夹之，否则结果时风必吹倒，故一名折腰娘”。还说：“广东以多种香蕉为业，增城之西洲人多种甘蕉，种至三、四年即尽伐，以种白蔗。白蔗得种蕉地，益繁盛甜美，而白蔗种至二年，又复种甘蕉”。由此可见，当时中国在香蕉品种选育和栽培技术等方面已相当发达。

中国香蕉主要分布在广东、广西、云南、福建、海南、四川、贵州等地。在2007—2015年的规划中首次提出规划发展广西和云南香蕉产业的计划，在规划颁布后的5年内，广西、云南香蕉产业异军突起，云南省在布局规划实施后，其种植面积由2006年的40. 20万亩发展到2013年的150. 18万亩，广西在规划实施后，产业竞争力迅速提升，面积和产量分别比2006年提高了35%和99. 3%，取得了十分显著的成效。2013年广东、广西、云南、福建、海南五个主产区的香蕉产量和香蕉种植面积占全国的比例均高达99%（详见表1-1和表1-2）。

表 1-1 1995—2013 年中国香蕉各产区种植面积（单位：万公顷）

年份	全国	广东	海南	广西	福建	云南	四川	贵州
1995	20. 49	8. 76	1. 91	5. 47	2. 25	1. 43	—	—
1996	17. 69	7. 96	1. 82	3. 76	2. 25	1. 43	—	—
1997	17. 65	7. 57	1. 89	3. 82	2. 43	1. 49	—	—
1998	18. 70	7. 97	2. 17	4. 03	2. 61	1. 48	—	—
1999	20. 69	8. 61	2. 71	4. 57	3. 17	1. 37	—	—
2000	24. 92	12. 10	3. 49	5. 91	3. 28	1. 57	—	—
2001	24. 28	9. 86	3. 41	6. 06	3. 07	1. 61	—	—
2002	25. 97	11. 07	3. 50	6. 19	3. 29	1. 60	—	—
2003	25. 55	12. 58	3. 08	5. 12	2. 92	1. 51	0. 13	0. 21
2004	28. 49	12. 60	3. 49	7. 34	2. 94	1. 90	0. 12	0. 10
2005	28. 73	12. 84	3. 73	6. 3	2. 98	2. 65	0. 15	0. 09
2006	29. 65	12. 59	4. 60	6. 57	2. 97	2. 68	0. 15	0. 10
2007	31. 35	12. 81	4. 79	7. 01	2. 94	3. 62	0. 16	0. 02
2008	33. 69	12. 87	4. 79	7. 34	3. 00	5. 35	0. 25	0. 09
2009	34. 96	12. 74	5. 03	8. 12	2. 91	5. 85	0. 20	0. 12
2010	35. 90	12. 55	5. 83	7. 85	2. 93	6. 42	0. 22	0. 12
2011	38. 36	12. 55	6. 41	8. 51	2. 53	7. 98	0. 24	0. 13
2012	39. 81	12. 53	6. 14	8. 86	2. 34	9. 54	0. 24	0. 16
2013	39. 71	12. 78	5. 32	8. 87	2. 33	10. 01	0. 23	0. 16

数据来源：中国农业部发展南亚热带作物办公室；表 1-2 同。

表 1-2 1995—2013 年中国香蕉各产区产量（单位：万吨）

年份	全国	广东	海南	广西	福建	云南	四川	贵州
1995	327. 2	157. 6	19. 1	96. 4	44. 0	8. 6	—	—
1996	251. 8	120. 5	17. 7	52. 8	48. 8	9. 6	—	—
1997	288. 9	133. 4	18. 9	68. 3	57. 1	9. 4	—	—
1998	352. 0	164. 2	23. 6	84. 6	66. 0	10. 8	—	—
1999	423. 6	205. 1	35. 8	96. 2	69. 3	15. 0	—	—
2000	496. 4	235. 3	60. 0	110. 8	74. 7	12. 4	—	—

（续表）

年份	全国	广东	海南	广西	福建	云南	四川	贵州
2001	519.0	228.7	91.2	112.7	72.2	11.2	—	—
2002	556.6	271.8	86.4	107.3	76.5	12.6	—	—
2003	590.3	301.8	84.2	103.6	83.8	14.6	1.5	0.9
2004	629.3	320.9	73.3	127.6	82.0	22.1	1.7	1.7
2005	581.2	330.2	90.9	136.4	85.5	34.7	1.8	1.7
2006	689.9	335.3	108.6	124.3	85.1	33.8	1.9	0.9
2007	779.7	348.8	142.2	140.5	91.1	54.0	2.3	0.9
2008	804.0	348.1	151.6	113.8	91.1	96.6	1.8	1.4
2009	901.0	357.9	159.6	173.5	90.6	115.6	2.0	1.9
2010	967.7	371.3	172.3	208.0	77.1	133.6	2.1	3.4
2011	1 039.8	384.9	189.2	205.7	87.0	168.7	3.7	0.6
2012	1 155.7	403.2	209.1	230.3	90.3	218.3	4.0	0.6
2013	1 211.5	420.3	202.9	247.7	91.5	240.5	4.0	4.6

三、香蕉产业发展现状

（一）世界香蕉产业发展现状

世界香蕉产区分布比较广泛，主要在南北纬 20°之间的热带亚热带地区。目前全球香蕉生产主要集中于拉丁美洲的厄瓜多尔、哥斯达黎加、巴西、哥伦比亚，亚洲的印度、中国、印尼、菲律宾、泰国，非洲的乌干达、卢旺达、加纳、科特迪瓦，以及位于加勒比海和南太平洋地区的岛屿型国家。1964—2015 年香蕉产量、收获面积持续增长，单产随着香蕉品种良种化大面积推广、种植技术的改良及管理规范化而稳步增加。全球香蕉的分布大致可分为拉美香蕉产区、亚洲香蕉产区和非加太（非洲、加勒比和太平洋地区，包括澳大利亚）香蕉产区。据 FAO 统计数据显示，2013 年世界五大洲香蕉产量分别为非洲 1 751.00万吨、美洲 2 698.70万吨、亚洲 6 023.08万吨、欧洲 38.55 万吨、大洋洲 160.09 万吨。亚洲是全球最大的香蕉产区，美洲居第二位，非洲排第三位，大洋洲和欧洲分别有少量种植，而欧洲2013年的香蕉产量还不足全球的1%。就香蕉产量而言，产量前五的印度、中国、菲律宾、巴西和厄瓜多尔香蕉总产量占世界香蕉总产量的57.61%，产量前十的国家香蕉总产量占世界香蕉总产量的73.13%。目前世界香蕉生产存在以下主要特点：①1964年至今，世界香蕉产业稳定发展，已经成为世界最大的热带水果产业；②世界香蕉生产区域分布高度集中，以亚洲、非洲和南美洲为主要分布地区，仍然集中在发展中国家；③世界香蕉单产随着品种改良技术和先进栽培管理技术的推广仍在不断提高，香蕉产业在土地资源日益紧张的形势下仍有发展空间。

由于香蕉生产相对集中，香蕉出口也相应地表现出高度集中具有区域性，美洲、亚洲和欧洲地区的发展中国家的出口占世界出口总量的绝大部分。2011年美洲出口约为1 308.35万吨，占当年世界香蕉总出口的69.89%，亚洲出口香蕉249.34万吨，占当年世界香蕉总出口量的13.32%，欧洲2011年香蕉出口量为248.02万吨，占世界香蕉出口量的13.25%，三者合计占当年世界香蕉总出口量的96.46%。其中美洲主要香蕉出口来自南美洲和中美洲，占美洲香蕉出口总量的93.34%；亚洲的香蕉出口主要集中在东南亚，2011年东南亚香蕉出口量占亚洲香蕉出口总量的87.66%；欧洲的香蕉出口主要集中在西欧，2011年香蕉出口量占欧洲香蕉出口总量的84.12%。2011年世界香蕉主要出口国居前七位的分别是厄瓜多尔、哥斯达黎加、菲律宾、哥伦比亚、危地马拉、比利时和洪都拉斯。

随着世界经济的复苏，对香蕉等热带水果的需求也日益增大，并且随着世界经济一体化进程的加快而不断突破相关的技术性贸易壁垒，世界香蕉市场贸易日益活跃，贸易总量与贸易总额呈持续快速增长态势。根据联合国统计司（UNSD）的相关数据显示，世界香蕉进口量从1994—2011年以来，年平均增长率为3.35%，近5年世界香蕉进口量的增长速度明显较之前加快。然而在WTO自由贸易的框架下，国际贸易中的关税壁垒和非关税壁垒中直接限制性贸易障碍在逐步消失，但技术壁垒仍大行其道，发达国家进口香蕉的的门槛不断提高。另外，欧美香蕉贸易纠纷持续得不到解决，对于全球香蕉生产、贸易，特别是对拉美香蕉产区乃至亚洲香蕉产区的进一步发展，将产生重大而深远的影响。

全球香蕉产业进口业相对集中并具有地域性。香蕉主要消费地区分为欧盟及东欧国家、北美地区、东南亚国家、南共体国家及智利等。欧盟、美国和日本的进口量占世界香蕉进口总量的 73.40%。发展中国家的进口量占总量的 20%左右。近 10 年内，美国、英国、意大利和法国的香蕉进口表现停滞，俄罗斯、中国、伊朗的进口量有较大幅度的增加，加拿大的进口量出现减少。美国一直保持着世界香蕉最大进口国的头衔，是世界香蕉贸易中影响力最大的国家，而中国和伊朗成为世界香蕉进口贸易的两颗新星，未来将在世界香蕉贸易中备受关注。香蕉的进口具有明显的地域化特征，这一趋势是由香蕉的运输成本、成熟时间及进口国的政策等因素决定的。比如欧盟国家主要从加勒比地区国家、太平洋地区国家、欧盟国家进口，菲律宾、印度尼西亚、泰国等东盟国家是日本、韩国和中国等亚洲国家香蕉的主要供应国。美国则主要从中南美洲的产蕉国进口香蕉。

大型跨国香蕉贸易公司垄断香蕉贸易的局面发生巨大改变，大型跨国香蕉贸易公司在全球香蕉贸易中所占份额在过去 30 年来持续下降，在最近 10 年出现大幅下降。有关数据显示，2002 年全球 5 大跨国香蕉贸易公司的市场份额为 70%，而 2013 年则下降到 44.4%，超市等大型零售公司在全球香蕉贸易中开始代替大型跨国香蕉贸易公司扮演重要角色。另外，全球香蕉产业虽然高度集约化和专业化，但拥有数千亩乃至上万亩香蕉园的种植户总体不多，大多数仍是中小型香蕉园。全球香蕉种植户中，每户平均生产规模只有 240 亩左右。因此，果园产权与经营权分离，走合作化道路，与大公司一起发展，变成了中小蕉园实现产业化经营和确保自身生存与发展的重要条件。

世界香蕉产业致力于新品种新市场的开发。例如都乐公司在菲律宾棉兰老岛开发贡蕉出口日本、韩国和中国，红蕉出口日本，牛角大蕉出口新西兰。为了与我国竞争日本的高价市场，目前都乐公司、金吉达公司和地盟公司都在棉兰老岛大力开发海拔 800 米以上的高地香蕉。高地香蕉由于日夜温差大，生长期长，糖分含量高，适合日本人的口味，销售价格高。我国的一些香蕉商也致力于开发俄罗斯市场。随着人们生活水平和健康、安全意识的不断提高，消费者对健康、营养食品的需求档次也在提升，有机香蕉越来也受到消费者的青睐。

近 10 年来，世界香蕉价格波动且震荡上涨。1961—2010 年期间，世界香蕉进出口价格波动较大，其中尤以 2000 年前后波动较为剧烈，但总体趋势是增长的。2009 年进口价格达到最高（682. 92 美元/吨），2010 年的出口价格达到最高（461. 35 美元/吨）。同时，香蕉人均消费水平随世界经济的增长也水涨船高。香蕉是最大宗的进出口贸易热带水果之一，鲜果消费是其主要途径，加工产品很少。随着世界香蕉消费量的增长，2002 年世界人均香蕉消费量仅为 8. 9 千克，目前世界人均香蕉消费量已达到 15 千克左右，消费量增加了 68. 50%。

（二）我国香蕉产业发展现状

中国是香蕉的原产地之一，有 3 000多年的香蕉栽培历史。改革开放 30 多年来，我国香蕉产业发展迅速，中国香蕉主产区各级政府非常重视香蕉产业的发展，有力地推动了香蕉产业的发展，使香蕉产业已发展成为我国热带农业中的支柱性产业之一，在南方热区经济和农村社会发展过程中发挥着十分重要的作用。目前我国香蕉产业正进入一个由传统产业转变成为现代产业的重要历史阶段，香蕉产业将在热区经济和农村社会发展中起着越来越重要的作用。目前我国香蕉产业发展迅速，呈现出以下特点。

1. 香蕉优势产业带已经形成，香蕉种植重点区域从粤、琼、闽向桂、滇转移趋势明显

近十多年来，热区农业主管部门按照比较优势原则，依照自然气候条件的优势和已有的生产种植习惯，引导农民进行作物结构调整，建设香蕉优势产业带，形成了较为合理的区域布局。受市场价格和市场份额的约束，香蕉的种植规模和种植区域得到了优胜劣汰，形成了具有市场

竞争力的区域布局。随着农业结构的调整，在广东、广西、海南、云南、福建等地，我国香蕉产业形成了海南-雷州半岛、粤西-桂南、珠三角-粤东-闽南、桂西南-滇南四个优势区域，产业逐步向优势区域集中，优势区域面积和产量分别占全国的 99.1%和 99.2%。在这些香蕉种植的优势区域中，香蕉生产发展已经带动了诸如农药、化肥、有机肥料供应、包装材料生产、运输配套、储存加工等行业的发展，形成了一个以香蕉果品为龙头的产业集群和产业链条。

从全国各香蕉主产区生产特点看，2009 年广西、云南两省区香蕉生产优势进一步显示，特别是云南香蕉产业迅速崛起，面积由 2006 年的 40.20 万亩发展到 2014 年的 154.87 万亩，产量由 33.8 万吨增加到 237 万吨，产业从散户零星种植发展到组织化、规模化经营。首先，桂、滇两省区是全国少有的未大面积爆发香蕉枯萎病的安全生产区域；其次，两省区的台风、寒害风险较福建、广东乃至海南较低；最后，随着中国香蕉产业“走出去”战略的逐步实施，两省区与发展香蕉产业更有潜力的越南、老挝、缅甸等东盟国家接壤，香蕉产业发展的区位优势凸显。

2. 香蕉生产能力显著提高，开始呈现集约化、规模化生产

香蕉产业良好的发展氛围和广阔的市场前景，以及较大的投资回报和经济效益，极大地激发了各类市场主体对做大做强香蕉产业的积极性。

一是生产能力显著提高。1949 年以前，中国香蕉生产多为小面积零星种植，1949 年以后稍有发展，但是 1978 年以前发展很慢。进入 20 世纪 80 年代，中国香蕉种植面积和产量得到飞速的发展。尤其是近 10 年以来，中国香蕉产业更是迅猛发展。据 FAO 数据显示，目前中国香蕉的产量和种植面积在世界排名分别为第 6 位和第 2 位。

二是集约化、规模化生产开始显现。香蕉适合大规模投资以及作为大宗水果的特性，使产业具有良好的市场发展空间。《香蕉优势区域布局规划（2007—2015 年）》（农垦发［2007］4 号）实施以来组织化发展势头迅猛，社会资本开始较大规模进入香蕉产业。香蕉的高效益吸引了大量的工商资本介入，并呈现持续加大投资的趋势。香蕉主产区各级

政府以促进蕉区农民增收为发展香蕉产业的出发点和根本目标，大力推动香蕉专业合作组织（社）的建立，不断完善利益联结机制，千方百计促进蕉农增收。目前由龙头企业、专业合作社、家庭农场、种植大户统一经营的香蕉面积占全国的比例进一步提高，生产经营规模不断扩大，种植规模超过 1 万亩的企业由原有的 2 家增加到 8 家，一批生产企业“走出去”发展取得新进展，初步统计，企业境外种植香蕉面积已达 50 万亩。目前，已形成了一批在市场上有影响力的品牌，香蕉市场的占有率显著提高。

3. 香蕉生产及管理技术日渐完善和成熟

相对其他作物，中国香蕉生产不仅在规模化、组织化和集约化发展方面走在了前头，而且生产及管理技术也日臻完善和成熟。我国香蕉种苗技术、种植栽培、采收包装、加工保鲜、运输与市场拓展、政策导向及社会化服务等产业链各个环节不断得到改进，产业链日益完善，为进一步做大做强世界香蕉产业奠定了很好的基础。香蕉生产上基本实现了种植品种的良种化，种苗生产的工厂化。通过引进、消化吸收和自主培育，选育并推广了巴西蕉、桂蕉 6 号、香蕉、广粉 1 号等一批主导品种，目前我国香蕉的良种覆盖率超过 95%；组培苗培养和病毒检测技术的研发和推广应用，有效提高了种芽分化效率、空间利用率，并节约了能耗，确保了优良品种、健康无病毒种苗的供应。优良品种及高效水肥利用、病虫害绿色及综合防控、香蕉防寒等生产技术的研发和应用，提高水肥利用率、降低农药消耗、减少病虫为害，保证香蕉安全越冬，因此同时我国香蕉单产也由 2006 年的 1.55 吨/亩，提高到 2014 年的 2.22 吨/亩；标准化生产、无伤采收、保鲜贮运等配套技术的自主研发和引进吸收，使香蕉品质显著提升。我国各香蕉产区在新栽培技术应用的基础上，充分利用自己的小气候优势，实行生产制度改革、调整，实现了国内香蕉周年生产，出现了一定程度的季节性区域互补布局，并进一步扩大了市场，提高了香蕉生产的经济效益。

4. 世界经济一体化与贸易自由化为中国香蕉贸易创造了商机

对中国香蕉产业而言，中国香蕉出口贸易的快速增长与国际资本流入的大幅增加是相伴随的，中国急需伴随外资而来的先进的科学技术，达到香蕉产业结构调整和升级的目的。从目前世界投资的发展趋势看，中国引资面临许多有利条件，有利于中国香蕉国际竞争力的提高。随着世界经济水平的提升，消费水平也水涨船高，再加上世界香蕉品质的提升，必然会为香蕉进入国际市场腾出更大的市场空间，香蕉世界贸易量未来几年仍会稳定增长。而对于中国香蕉贸易来说更是如此，中国是香蕉生产大国，也是消费大国。目前中国香蕉产业既有出口市场的机遇，也有国内市场扩容的机遇，外国香蕉对中国的进口优势已大为减弱。

（三）我国香蕉产业存在的问题及对策

1. 存在的问题

（1）我国土地与劳动力资源日趋紧张为香蕉产业的稳定发展带来不确定性因素。随着我国香蕉种植区经济的迅速发展，房地产业、旅游业、工业等产业的快速发展，必然会影响到作为以土地为根本、以劳动力密集型为特征的香蕉种植业的发展；同时，受我国持续的通货膨胀影响，农资成本、土地租金、劳动力成本等均呈现了快速上涨态势；此外香蕉重大病虫害，尤其是香蕉枯萎病等在香蕉主产区日益严重，其防治成本不断上升，以上都进一步推高了香蕉生产成本。如果没有国家政策方面的保障及转变产业发展方式，我国香蕉产业将有可能面临萎缩的困境。

（2）香蕉品种单一，抗病品种匮乏。香蕉枯萎病是产业发展的主要限制因子之一，目前我国主栽品种巴西蕉和桂蕉 6 号，均为易感病品种，两主栽品种占我国香蕉种植面积的 75%以上，品种的单一加剧了枯萎病的蔓延，严重制约了产业的发展。抗枯萎病新品种的选育工作虽取得一定进展，初步选育出了具有一定抗病能力的宝岛蕉、南天黄、南天青等品种，但对抗病品种低温敏感及配套栽培技术的研究不完善使其推广受到限制。

（3）种苗质量安全监管体系不健全，限制了产业的发展。种苗是产业的基础，种苗质量安全关系到产业的可持续发展。目前香蕉种苗质量安全监管体系不健全，存在违规育苗，劣质种苗流入市场，部分种苗生产企业内部质量监控体系缺失，导致二级苗圃选址不规范，种苗带病；质量检测不到位，出现品种混杂、质量不稳定等问题，影响了后续生产。

（4）高效综合防控技术推广缓慢，枯萎病尚未得到有效控制。目前我国已研发出以抗病品种、有机肥和生物菌肥的大量应用为核心的香蕉枯萎病防控综合技术，该技术大面积应用可有效控制枯萎病蔓延，但由于受技术部门不重视、蕉农种植的短期化行为以及生产资料、劳动力成本高等因素影响，综合防控技术推广缓慢，枯萎病尚未得到有效控制。

（5）肥料农药减施增效技术应用水平亟待提高。香蕉是速生草本植物，需水需肥量大，且整个生长期病虫害多，需大量农药。大量农药化肥的施用对于蕉园土壤、农业环境及食品安全埋下了隐患，因此实现香蕉生产过程中化肥农药的减施增效已成为产业发展的需求。水肥一体化技术能有效地提高肥水利用效率，在香蕉产业中应用较普及，但还未完全做到精准施肥、与农药结合的精准用药，凭经验施肥和盲目施药现象依然存在，如何以水肥一体化技术以载体，肥料农药减施增效技术亟待研究与应用。

（6）自然灾害等产业风险加大。自然灾害风险主要是指与香蕉生产密切相关、影响最大的气象灾害（如台风、寒害、旱、涝等）。随着香蕉种植规模越大和全球气候异常，遭受自然灾害损失的可能性越大，种植周期越长，遭受毁灭性自然灾害打击的可能性就越大。随着全球气候暖干化趋势的影响，我国香蕉产业经营将面临更大的气象、生态环境的制约和病虫害、鼠害、草害等的潜在威胁。为提高香蕉产业竞争力，香蕉产业的科技含量在逐渐加大，香蕉生产过程中发生的技术风险也在逐渐加大（如种植技术使用不当，未能有效利用和合理配制化肥、种子等生产资料，运输、加工等技术条件不到位等），对经营者的素质提出了更高要求。近年来，由于香蕉常呈现阶段性、结构性、季节性、区域性的局部相对过剩，在自由市场中的蕉农面临更大的价格波动风险考验，使香蕉经营风险也随着增大。

（7）产业组织化尚需提高。一是香蕉产业组织化发展迅速，但蕉农与市场的有效联结机制不完善，龙头企业和专业合作社带动农户的能力较弱；二是香蕉合作社、合作组、营销协会、龙头企业等未形成利益联合体，产业组织的职能未充分发挥；三是与国外香蕉大企业相比，我国香蕉生产企业规模小，尚未建立产业链各环节专业化、组织化团队，未形成国际大品牌，市场竞争力较弱。

2. 主要对策

（1）加强种质资源收集、保存和创新利用。加强国际交流与合作，引进收集优异种质，开展资源鉴定评价和创新利用。加强优良品种选育，针对主栽品种单一、枯萎病严重的问题，加快抗（耐）枯萎病、综合性状优良的新品种培育力度。

（2）加强种苗质量安全监控体系建设。强化种苗生产经营监管，加大抽检力度。引导企业建立苗木生产质量内控制度，特别是明确二级苗圃的监管主体，建立种苗生产检测、检疫、追溯、追责等制度，规范种苗生产，确保种苗供应安全，杜绝种苗带病、品种混杂等损害蕉农利益的行为。

（3）加强新技术研发和标准化生产技术推广。开展精准施肥、用药、灌溉技术的研发，有效提高化肥农药使用效率、降低用量，保障香蕉高效产出与环境友好。加快优良品种及高效施肥、病虫害绿色和综合防控等标准化生产技术的示范与推广，重点示范推广以抗病品种、有机肥和生物菌肥的大量应用为核心的枯萎病综合防控技术，实现化肥农药减施增效。

（4）提高组织化与专业化技术服务水平。通过培育龙头企业和标准化示范基地，引导扶持专业合作社、家庭农场、行业协会、种植大户和营销大户等提高规模化和组织化水平，整合标准化种植、采后保鲜、物流贮运、产品加工、品牌建设等全产业链优势资源，建设专业化服务平台，对产业链关键技术和环节提供专业化服务，提升产业发展水平。

（5）加强现代市场流通体系建设。加强采收、贮运、营销等环节建设。在巩固发展传统营销模式的前提下，支持和鼓励将“互联网+”等新型理念注入产品营销，建立冷链物流配送中心体系，减少流通过程的损失，提高物流效率，保障香蕉在市场流通的质量安全。

第二章　香蕉枯萎病及防治研究

香蕉枯萎病是一种毁灭性病害，是国际植物检疫对象，由尖孢镰刀菌古巴专化型侵染引起。香蕉枯萎病又称香蕉巴拿马病、黄叶病，是破坏维管束导致植株死亡的毁灭性病害，其病原菌为尖孢镰刀菌古巴专化型（*Fusarium oxysporum* f. sp. *cubense*），属于半知菌，肉座目镰孢菌属，是一种土壤习居菌，曾在中、南美洲毁灭大片蕉园。该病害现广泛分布于南太平洋、亚洲、澳大利亚、非洲及美洲热带的香蕉产区，我国广东、广西、福建、台湾和海南等地也有分布。香蕉枯萎病是真菌性病害，通过土壤、灌溉水和染病吸芽繁殖材料进行传播。香蕉枯萎病菌 4 号小种在亚洲和非洲的部分国家以及澳大利亚发生为害，严重威胁世界第一大香蕉种植品种 Cavendish 的生存。4 号小种的出现和蔓延，引起各香蕉种植国家的高度关注。香蕉枯萎病是毁灭性病害，曾给巴拿马、哥斯达黎加、洪都拉斯、哥伦比亚等南美洲国家和我国台湾、海南等地香蕉产业造成毁灭性减产。因此开展香蕉枯萎病防治研究已经成为我国香蕉产业可持续、健康发展的重中之重。

一、香蕉枯萎病症状特点

（一）枯萎病菌生物学特性

香蕉枯萎病是由一种土传真菌—尖孢镰刀菌古巴专化型（*Fusarium oxysporum Schlect*. f. sp. *cubense*（E. F. Smith）Snyder et Hansen，Foc）侵染香蕉根部引起的病害。该菌的主要形态特征见图 2-1。分生孢子有小型和大型两种，小型分生孢子单胞或双胞，椭圆型至腊肠型，着生于侧生分生孢子梗上的瓶状小梗上；大型分生孢子镰刀型，成熟后有3～5个分隔，最初是在分枝的侧生瓶状小梗上形成，以后往往在分生孢子座上形成。厚垣孢子间生或顶生于短侧枝上，单独或呈链状，壁透明、光滑或粗糙，子座的疙状突起有时发展为类似赤霉属的子囊壳，未见有子囊或子囊孢子的报道。

已知该病病原有4个生理小种，随着感染的种植材料广为扩散，已在世界上造成了3次大暴发。其中，1号小种属于世界性分布，感染香蕉的栽培种包括‘Gros Michel’（AAA）、‘Silk’（AAB）、‘Pome’（AAB）、粉蕉‘Pisang Awak’（ABB）、‘Musa textilis’等香蕉品系，但矮香蕉（DwarfCavendish，AAA）较抗病；该小种于20世纪50年代摧毁了以Gros Michel品种（AAA）为核心的中美洲香蕉产业，如果不是引进了亚洲的香牙蕉，该地区的香蕉产业可能已不复存在。2号小种局部分布于中美洲的洪都拉斯、萨尔瓦多、波多黎哥、多米尼加共和国和维尔京群岛等地，只感染三倍体杂种棱香蕉‘Bluggoe’（AAB），但未对主栽品种造成威胁；3号小种只感染芭蕉科野生的羯尾蕉属（Heliconia），以及巴拿马、洪都拉斯、哥斯达黎加的野生种；4号小种几乎能侵染所有香蕉种类，除侵染1号和2号小种的寄主外，还在进化过程中攻克了香牙蕉‘Cavendish’（AAA）、‘Pisang Mas’（AA）、‘Pisang Berangen’（AAA），‘plantains’（AAB）等的免疫系统，是目前为止危害程度最大的生理小种。4号小种可分为亚热带（Foc subtropical race4，Foc STR4）和热带（Foc tropical race4，Race 4 Foc TR4）两种类型。20世纪70年代末Foc STR4在我国台湾地区暴发，使其种植面积和从业人口锐减至原来的1/10。20世纪90年代致病力最强的Foc TR4的出现和流行，已重创亚洲热带和亚热带地区的香蕉产业，也引起尚未发现该病的非洲和拉丁美洲等香蕉生产国一片恐慌。

尖孢镰刀菌在PDA平板上的菌落突起呈絮状，粉白色，浅粉色至紫色。病原菌大型分生孢子3～5个隔膜，多数为3个隔膜，弯月形，无色，大小为30～43微米×3.5～4.3微米；散生在菌丝上的小型分生孢子数量很多，单胞或双胞，卵圆形，无色。厚垣孢子椭圆形至球形，顶生

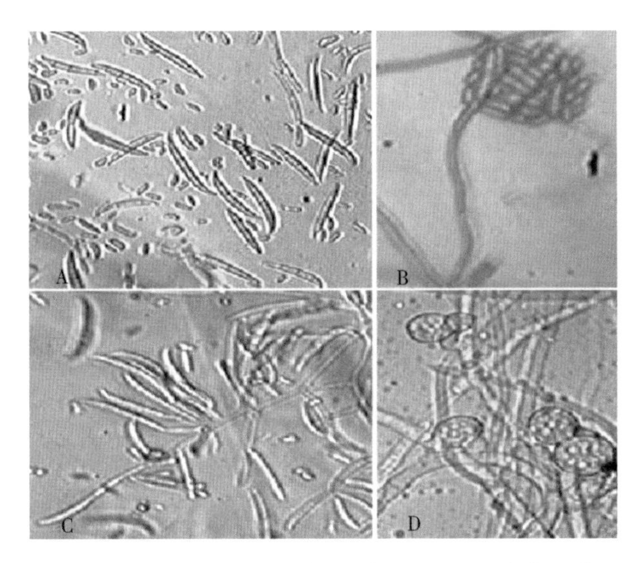

A. 大型和小型分生孢子；B. 小型分生孢子“假头状”着生；

C. 产孢细胞及分生孢子着生方式；D. 厚垣孢子

图 2-1　尖孢镰刀菌 *F. oxysporum f. sp. cubense* 形态特征

或间生，单生或2个联生。病原菌最适生长温度为25℃；适合生长在弱酸性环境，最适pH值为5～7；能利用多种碳氮源，其中最适碳源为蔗糖，最适氮源为蛋白胨。孢子萌发最适温度为28℃，最适pH值为5。分生孢子的致死温度为55℃，10分钟。

（二）枯萎病症状特点

香蕉整个成长期都能发病。根据生长周期土壤类型等情况的不同，外部症状也有些差异；不同小种的病原菌侵染后也会导致不同的症状。幼龄期香蕉植株感病后无明显症状，到了成株期时，起初植株下部叶片及在外边的叶鞘呈现特异的黄色，从叶片边缘开始，然后逐渐向中肋扩展，发病后的叶片迅速萎蔫，叶柄在靠近叶鞘处弯曲下来，病叶凋萎，倒挂在假茎旁。一般假茎中心的最后一片心叶，往往推迟抽出或不能抽出。叶片自下而上相继发黄，凋萎，倒挂，最后形成一圆圈叶片倒挂于假茎周围。叶片由黄色变褐色干枯，最后顶叶枯死，病株便全株枯死。

有些病株先从假茎外围的叶鞘近地面处开裂，渐向内扩展，层层开裂直到心叶，并向上扩展，裂口褐色干腐，后期叶片变黄，倒垂或不倒垂，植株枯萎相对较慢（图 2-2A）。

内部症状：香蕉枯萎病菌是一种侵染香蕉维管束的土传病害，当病株发病初期，从根茎部横剖面，可以清楚看见球茎组织之间有黄色或红棕色的斑点。从根茎纵剖面可看到发病初期的组织有黄红色病变的维管束，假茎和球茎连接处向下病变颜色很深，向上病变颜色渐渐变淡；香蕉的吸芽导管也会被感染，纵剖球茎，可以看到红棕色的维管束侵染吸芽延伸的迹象，后期病害严重的植株大部分根变黑褐色而干枯（图 2-2B）。

A.外部症状　　B.内部症状

图 2-2　香蕉枯萎病田间症状

（三）枯萎病发病特点

香蕉枯萎病属于土传真菌病害，在香蕉的整个生长期内都有可能发生，病菌侵染源主要是带菌吸芽、病残体及土壤。当用有病的吸芽进行繁殖时，病害就会传播开来。发病香蕉根部周围的土壤，也是病原菌存活越冬的场所。病原菌从植株根部幼根或伤口侵入，进入维管束进行扩展，破坏维管束，并在向上扩展过程中产生毒素和胶质状物，导致维管束细胞产生褐变、坏死等病理变化，堵塞、腐化输导组织，阻断水分和养分的输送，导致植株叶片变黄，凋萎倒垂，直至枯死。如在带病的土壤上种植蕉苗，病原菌也可以从根部侵入，并通过寄主维管束向茎上扩展引起香蕉发病；土壤中病原菌侵染寄主的方式，一般是通过受伤的根茎，或受伤的或无伤的幼根，向假茎及叶部蔓延；向上扩展过程中产生毒素和胶质状物，引致维管束细胞产生褐变、坏死等病理变化；腐化、堵塞输导组织，阻断水分和养的输送，导致植株叶片变黄，凋萎倒垂在茎基部；侵染的病原菌沿着导管系统而进入吸芽。当母株发病枯萎后，吸芽还可以带病继续生长一段时间。全株枯死后，病原菌能在土壤中腐生生活到下次再侵染。

香蕉枯萎病菌在土壤中可存活几年至几十年，但在积水缺氧的情况下存活期则大为缩短。可通过带菌种苗、土壤及二级苗进行远距离传播，也可随病残体、土壤、耕作工具、灌溉水、雨水、线虫等进行近距离扩散。从苗期到成株期都有可能染病，植后 1～2 个月后可见明显症状的病株。发病蕉园有明显的发病中心（零星病株），随后逐渐向四周扩展，病株率年度间增长很快，每年可增长 3～5 倍。染病植株孕蕾后期或抽蕾后发病速度很快，在收获前病害达到最大值，大部分病株死亡。土壤含菌量是发生与流行的关键因素，在高温多雨、根结线虫多、伤根、多年连作、土壤排水不良、肥力差、透气性差、土壤贫瘠及酸性（pH<6）、土温较高和土壤最大持水量 25%的条件下，发病严重。抽蕾期及台风雨等连续降雨天气后，植株抗病力降低，病害出现高峰。

二、香蕉枯萎病发生现状

香蕉枯萎病又称“巴拿马”病、镰刀菌枯萎病、香蕉黄叶病，是为害香蕉的毁灭性土传维管束真菌病害和国际检疫对象。1874 年，Joseph Bancroft 首次报道香蕉枯萎病在澳大利亚发生，该病害在澳大利亚被发现；1890 年香蕉枯萎病在巴拿马发生严重，给当地的香蕉产业造成严重影响引起人们的注意，因此该病又称香蕉巴拿马病。1910 年该病害给巴拿马的香蕉生产造成了极大的损失；20 世纪 50—60 年代，在巴拿马、哥斯达黎加、洪都拉斯和哥伦比亚等中、南美洲的地方，该病害的发生使得约 60 万亩优质大蜜哈香蕉遭到毁灭，并通过出口蔓延至全球各主要香蕉生产国，成为最具毁灭性的香蕉病害之一。

非洲的香蕉产量占了世界的 30.3%，至少有 700 万非洲人以香蕉为主食和主要经济来源，已经有 14 个国家报道香蕉枯萎病的发生。在南非，香蕉枯萎病菌 4 号小种已经对 30.3%的产区造成非常严重的损失；东非种植的高原香蕉还未受到香蕉枯萎病的危害，但是，一些引进的品种也受到了危害；在西非，香蕉枯萎病由于种植卡文迪许栽培种取代大密哈而使香蕉枯萎病菌 1 号生理小种的为害有所下降。而今世界上除了南太平洋群岛，一些地中海沿岸的国家和巴布亚新几内亚外，几乎所有的香蕉栽培地区都受到该病的危害。该病害阻碍了马来西亚香蕉大规模的商业发展，在印度、印度尼西亚、澳大利亚和越南等国也有严重的危害，在我国的很多地方包括台湾、海南和广东等地均有该病害的分布。

20 世纪 70 年代初广东省在中山市发现了危害粉蕉的病原菌，随后的 20 多年没有发现病害发生。1967 年，我国台湾首次发现香蕉枯萎病，并迅速蔓延，使台湾的香蕉种植面积由 75 万亩减至近年的 7.5 万亩，并且这之中有一半多的面积都受到该病的危害，基本摧毁台湾的香蕉产业。我国于 1996 年在广东番禺万顷沙镇民建村的巴西蕉以及广东 2 号品种上首次发生枯萎病。海南 1983 年第 1 次在琼山县大坡镇发现香蕉（Cave 汕 sh，AAA）枯萎病，目前香蕉枯萎病已传播蔓延至广东的整个珠江三角洲地区和海南的大部分市县，对我国香蕉种植业造成了严重的威胁。我国广西的西贡蕉、海南的粉蕉、广东省的的龙牙蕉和粉蕉（过山香）均出现枯萎病，发病率一般为 3.7%～26%，严重的达 60%，造成毁灭性损失。1995 年该病在广东危害香蕉栽培品种巴西蕉。2007 年香蕉枯萎病被我国列入进境植物检疫性有害生物名录（农业部第 862 号公告 2007）。目前该病在我国广东、广西、云南、海南、福建、台湾等香蕉产区均已严重发生，对我国香蕉产业造成严重的威胁。近十几年，由于枯萎病的影响，尤其在枯萎病严重年份，香蕉产量大幅下跌，造成很大的经济损失，甚至被人们误认为作为香蕉癌症的枯萎病能引起人类癌症的发生，从而使得香蕉的销量降低，这也指出了要加强香蕉枯萎病防治的紧要性。

三、香蕉枯萎病防治现状

香蕉枯萎病是香蕉生长过程中危害较大的一种系统性病害，该病既是土传病害，又是香蕉维管束病害，防治难，发生及危害程度与香蕉的品种和气候有关，其他与土壤性质、耕作、灌排水、施肥等因子有关。枯萎病菌经过香蕉根系侵染进入其导管组织，会造成整个生长期的系统侵染，导致整个植株发病，防治极其困难，单因子的防治不能很好地解决，因而要采取“预防为主，综合防治”的策略，可以较好地控制香蕉枯萎病的发生和传播。

（一）农业防治

农业防治措施主要是加强耕作管理、实行间作和轮作、加强田间监测等。香蕉枯萎病可以通过苗木、农事操作等进行传播，所以通过规范农事操作可减少香蕉枯萎病的传播。禁止带病吸芽苗种植，应选择无菌的栽培苗；禁止在病区进行育苗。在新区种植时，禁止从病区调苗。杜绝病菌通过苗木进入新区。目前在很多地方都是由于蕉苗带菌而引起了香蕉枯萎病的发生，一些农民因新种植香蕉，从枯萎病带病区购买不正规的蕉苗，结果只种植了 3～5 年，香蕉枯萎病已经开始蔓延。选择无病新区种植，如果发现零星病株，立即要清除销毁。种植坑撒施石灰进行土壤消毒，发现病株要用草甘磷溶液杀死，并且挖除就地烧毁，种植穴要用福尔马林溶液等土壤消毒剂进行消毒，然后覆盖薄膜或施多菌灵粉剂。加强肥水管理，促进壮苗；降低地下水水位，改善土壤的理化条件，增强植株的抗病能力，使植株提早抽蕾，早收获。重病区可以考虑与水稻、甘蔗等作物进行轮作，与绿肥、大豆等作物进行间作，也可以降低香蕉枯萎病的发生。香蕉枯萎病农业防控措施见图 2-3。

A. 销毁病株；B. 砍掉病株；C、D. 香蕉间套作

图 2-3　香蕉枯萎病农业防控措施

（二）化学防治

目前还没有有效的化学药进行香蕉枯萎病的防治。香蕉尖孢镰刀菌枯萎病是目前危害香蕉产业的毁灭性病害之一，如采用单一防治措施往往很难奏效，须采用多种药剂组合在一起才可能取得明显效果。目前我国蕉农经常用绿亨 1 号+多菌灵、五氯硝基苯+多菌灵、多菌灵+普克和敌克松+普克作为土壤消毒剂使用，用 600～800 倍液在香蕉种植时结合淋定根水灌根，可抑制土壤中的香蕉尖孢镰刀菌繁殖，减少菌源，推迟或减轻香蕉发病。在香蕉生长过程中，还可采用多菌灵+普克、敌克松+普克与农一清等叶面肥配合喷施使用，以增强香蕉对病害的抗性。尽管化学药剂的使用对环境造成很大危害，但它仍被认为是一种防治病虫害直接、高效的措施。国内外关于香蕉枯萎病的化学防治研究得比较早，很多学者都针对香蕉枯萎病进行化学药剂的筛选，发现不少杀菌剂在室

内对香蕉枯萎病菌的抑菌效果很好，但这些试验都局限于实验室和盆栽试验，田间防效并不明显。目前尚未找到一种在田间应用上起显著效果的高效杀菌剂，且因长期不合理使用化学农药也造成了农药残毒、抗药性和环境污染等诸多问题。

（三）生物防治

生物防治作为综合防治香蕉枯萎病的措施之一，对生态环境的稳定和可持续农业的发展具有特别重要的意义。并且由于对有防治效果的化学措施如溴甲烷等地禁止使用，病原菌对杀菌剂抗性的蔓延和对病情需要可靠的控制手段等原因，利用微生物及其代谢产物、植株提取物等生物农药进行防治，使用对人体和生态环境无害的生防菌剂替代化学农药已经成为世界范围内的研究发展方向。近年来，国内外学者从生物防治角度研究如何防治香蕉枯萎病，并做了很多相关的生防试验，证明了一些菌对枯萎病菌有较好的拮抗作用。目前生物防治香蕉枯萎病仍处于起步阶段，且研究工作主要集中于香蕉拮抗菌的筛选及平板生防试验上，仅局限于室内与盆栽试验，真正可以应用到大田生产上的还是非常少。另外，有关拮抗菌的作用机制研究、抗菌活性成分的分析、如何提高效价、施用剂型及施用方法等还处于初步研究阶段。也有报道指出抗病品种的种植与生防菌施用相结合，对香蕉枯萎病的防治效果可达 95% 以上。为此，因地制宜地以选择抗病品种与施用生防菌剂为基础，结合栽培管理和检疫措施的综合防治策略，是控制乃至阻断香蕉枯萎病的蔓延，降低枯萎病发生率的有效办法。

（四）选育抗病品种

目前生产上通过使用无病组培苗和抗病品种，起到一定的防治效果，其他措施（如化学防治和农业防治措施）都不能达到理想的防治效果，选育抗病品种被认为是防治该病最经济、最有效的措施。国内外相继开展了香蕉抗枯萎病及其抗病育种研究，取得了较好的进展。20 世纪 20 年代初，特立尼达的皇家热带农业大学就开始了香蕉抗枯萎病育种，近10年来，奥地利、南非、巴西、马来西亚以及我国都开展了香蕉诱变育种和香蕉抗病基因工程研究，并取得了一定进展，特别是我国台湾地区在香蕉组培变异筛选抗枯萎病育种方面成绩突出，其抗病品种的培育和推广在很大程度上挽救了该地区的香蕉产业。目前抗病育种主要有芽变选择育种、组培突变体选择育种、杂交育种、毒素筛选育种、体细胞杂交育种及基因工程育种等，其中前3种选择育种方式目前最为常用。目前抗枯萎病香蕉品种匮乏，选育出抗枯萎病的香蕉品种是国内外香蕉育种和病区控制枯萎病亟须解决的问题。抗枯萎病的资源主要存在野生种、栽培种和通过育种改良的二倍体中，但受香蕉多倍性、低生育力和完全不育性的限制，使用常规育种技术培育抗枯萎病香蕉品种所取得的成功很有限。近年来，香蕉组织培养和基因工程技术陆续进入香蕉抗枯萎病育种领域，随着这些育种技术的逐步完善，不断创造抗病新种质，培育抗枯萎病的香蕉品种将成为可能。

第三章　我国香蕉抗枯萎病品种选育及主要品种

尽管我国是香蕉的起源地之一，有着悠久的栽培历史，但是种质资源较少，而且种质资源创新和育种起步较晚，进步缓慢，难以在短期内取得突破性进展。根据现有的具体情况、技术水平、枯萎病传播的特点，目前无论是化学防治、生物防治、农业防治及行政管理手段都无法从根本上防止香蕉枯萎病的扩散、蔓延、危害。要彻底解决该病危害，唯有从抗病品种应用上着手，目前最迫切的工作是加大投入力度，重点加强抗病品种的引进、选育方面的研究，推广适宜于本地生产应用的抗病新品种。

一、香蕉抗枯萎病品种抗病机理及选育

（一）品种抗病机理

对于香蕉枯萎病的抗病机制目前尚未研究清楚，但是现有研究资料表明香蕉对于香蕉枯萎病的抗性可能主要来自两方面：①香蕉维管束细胞端壁对枯萎病病原菌孢子的随液流流动有机械阻碍作用，能阻止香蕉枯萎病病原菌的扩散；②病原菌侵入后，诱导香蕉根系产生防卫反应。香蕉枯萎病抗病品种的维管束细胞端壁穿孔板对香蕉枯萎病病源菌孢子的随液流流动有机械阻碍作用，能阻止病原菌的进一步扩展，这种机械作用并不能为抗病品种提供足够的抗性，但却为防卫反应的发挥赢得了时间，在病原菌侵染早期，诱导寄主细胞产生一系列防卫反应，如诱导维管束细胞产生凝胶和侵填体堵塞导管，加速维管束细胞壁的木质化

等。香蕉枯萎病抗病品种的抗病性除与本身的遗传特性有关外，还可能受品种本身生育期与环境因素的影响，绝大部分香蕉品种苗期和成株期（即大田种植）抗病表现一致，这为苗期进行的抗病性鉴定提供了理论依据，只有 *Musa balbisiana* 野生蕉和 ABB 群蕉表现出苗期感病而成株抗病，有些抗病品种抗性丧失可能与逆境或病原菌接种过量有关，如低温、排水不良、土壤过黏、盐碱化或低 pH 值，另外土壤缺锌也会加深病害的严重程度；其他病原物也会影响香蕉枯萎病的发生，如香蕉穿孔线虫可以和枯萎病菌形成复合侵染或加重该病的发生。

（二）品种选育概述

香蕉栽培种有二倍体、三倍体和四倍体，由于长期的自然选择和人为选择，香蕉栽培种多数属于三倍体，高度不育，无种子，主要以无性繁殖延续后代，导致其在进化过程中遗传物质的重组与交换受到严重阻碍，丧失遗传多样性，从而使其逐渐丧失抵抗病害的能力。香蕉枯萎病菌主要通过土壤进行传播，经过长期的探索和研究，人们仍未找到对易感品种长期有效的防治措施，研究者们一致认为，培育并科学利用抗枯萎病香蕉品种是有效控制枯萎病的可持续策略。

1. 引种选育

香蕉的引种应用是良种推广的主要途径，对发展香蕉生产起着重要的作用。从国外引进并试种成功的抗枯萎病香蕉品种有海贡蕉、金手指、大蕉等，目前这些抗病品种在我国蕉区已有一定的种植面积。

2. 自行选育

尤其是我国台湾地区，在香蕉组培变异筛选育种方面成绩突出，先后选育出抗香蕉巴拿马枯萎病 4 号生理小种的台蕉 1 号、台蕉 2 号、台蕉 3 号、GCTCV119 及宝岛蕉等一系列优良抗病品种（系），并已在该地区全面推广种植。其中，宝岛蕉获得了由海南省农作物品种审定委员会颁发的品种认定证书（编号：琼认 2012003），目前该品种在海南推广面积已达 20 000亩。我国内地科研机构自行选育的粉杂 1 号、农科 1 号、南天黄等抗病品种（系）也是比较好的抗病品种，且已在香蕉枯萎病区推广种植。

（三）品种选育方法概述

近年来，国内外研究者采用有性杂交育种、芽变育种、诱变育种、组培突变体选择育种、体细胞杂交育种、生物技术育种等技术开展了香蕉选育种研究，并取得了一定进展。

1. 杂交育种

目前大部分香蕉栽培品种为三倍体，具有雌雄性高度不育的特点，但二倍体蕉有很好的可育性。三倍体香蕉无论自花或异花授粉都得不到种子，三倍体与二倍体交配也只限于某些品种，能获得少量种子。在三倍体香蕉中，如果考虑到母本的农艺性状，目前只有大蜜哈及其矮秆突变体 Highgate、DwarfPrata（LadyFinger，AAB）等少数几个品种可以作母本，授于二倍体（AA）品种或野生类型花粉，能获得杂交种子，产生四倍体或七倍体后代。因此，为了培育抗枯萎病的品种，目前国内外主要的香蕉科研单位都采用以 AA 群品种（如 PisangLilin）或野生类型为父本，以大蜜哈或其突变体和 DwarfPrata 为母本的杂交育种途径，期望培育出既有母本的优良品质，又有 PisangLilin 高度抗病特性的新品种。目前已育成的品种有 BodlesAltfor（AAAA）和 Goldfinger（又称 FHIA201，AAAB）等，前者具有大蜜哈的许多优良性状，同时抗枯萎病，于 1962 年推广应用于生产，后者不仅抗枯萎病菌 1 号、4 号小种，还兼抗叶斑病和香蕉穿孔线虫，同时保留了 DwarfPrata 的优良品质，是世界上首次杂交育成的香蕉四倍体多抗品种。可见，杂交育种运用恰当，也能获得好的品种。但是对于香蕉而言，优质的二倍体、四倍体种质资源非常有限，致使香蕉的杂交育种研究难以广泛开展。

2. 芽变育种

香蕉长期用吸芽进行无性繁殖，与其他无性繁殖作物一样，也有芽变现象，因此，香蕉的芽变育种实际上是株变育种。芽变育种是对芽内自然发生的变异进行选择、育成新品种的育种方法，在香蕉育种工作中占有极其重要的地位。体细胞无性系变异是植物组织培养过程中存在的普遍现象，并且绝大多数变异可以遗传，这些可遗传的变异经人工选择和培育，能获得既具有亲本原来的优良性状，又带有一些新性状的新品种。在病害流行的高峰期，通过大面积的田间调查，就有可能发现抗病突变体。据统计，现在世界栽培的300多个香蕉品种中，约有一半是芽变产生的。我国矮脚香蕉、高把香蕉、油蕉和仙人蕉等优良品种也是由芽变育种而来的。由此可见，芽变育种在香蕉育种中占有重要地位，是一条可行和有效的育种途径。

3. 诱变育种

植物组织培养过程中，培养细胞处在不断分生状态，易受外界条件（物理、化学诱变）因素影响诱发植物基因突变，促进遗传基因重组，扩大遗传变异，是创造新种质、选育新品种的有效途径。尽管目前尚未获得抗性与农艺性状均佳的抗病品种，但随着科学技术的不断发展，离子束注入、航天空间诱变等一些新的诱变技术不断地应用于植物的遗传改良，可以获得比较高的突变率和比较宽的突变谱，因此具有更大的应用价值。

4. 体细胞杂交育种

体细胞杂交即细胞融合，是获得体细胞杂种的一种技术，能克服远缘有性杂交的困难，打破物种分类界限，扩大利用种质资源的范围，开创由远缘植物导入抗病性、耐寒性等有用性状的途径。Matsumoto等人应用电击法，将不抗病但具有优良性状的三倍体香蕉品种Maca（Musa spAABgroup）和抗病的二倍体野生蕉品种Lidi（Musa spAA group）的原生质体融合在一起，经PCR分析表明，在3次重复实验中最多有85%的再生植株被鉴定为含有两亲本条带的杂合体。但在体细胞杂交过程中也存在一些困难，如技术较繁琐、杂交频率较低等，这些还有待于香蕉的原生质体再生植株技术的进一步完善。

5. 体细胞变异育种

研究发现，在细胞水平上进行突变诱导具有更大的优越性，很小的体积具有大量的个体，因此可利用组织培养过程中出现的体细胞变异进行育种。因自然条件下芽变突变体出现的概率极低，组培扩繁的组培苗变异率高达3%，在一定的病害选择压力下，选择抗病突变体就可育成新的抗病品种或育种材料。1985年我国台湾香蕉研究所利用组培技术筛选出抗香蕉枯萎病的GCTCV-215-1品种，并在生产上推广，台湾还利用组培苗变异选出耐香蕉枯萎病4号生理小种的台蕉1号及多个耐病优系。抗枯萎病新品系台蕉1号、2号、3号等一系列品种（系）均是利用组培体细胞变异系统选育方法培育出高抗香蕉枯萎病的香蕉新品系。

6. 毒素筛选育种

利用组织培养结合镰孢菌酸或Foc病原菌培养滤液筛选，可获得抗病品系。该方法主要是在离体条件下进行，一般采用分生茎尖、分生类球体或愈伤组织作为材料，以一定浓度的镰孢菌酸或Foc病原菌培养滤液作为选择压，筛选耐毒素的突变体，分化成苗后接种鉴定抗病性。Matsumoto等人采用寄主组织和病原菌培养方式，获得具有一定专化性的病原菌毒素滤液，用该毒素滤液筛选抗枯萎病突变体也获得成功。该方法简化了筛选程序，缩短了选择时间，减少了人力物力的投入，大大加快了育种的进程。随着香蕉胚性悬浮培养和原生质体培养的成功，利用胚性、原生质体和体细胞作为离体诱变发生体系，将会进一步提高筛选效果。采用毒素筛选育种是比较新的技术手段，发展潜力很大。

7. 生物技术育种

随着香蕉遗传转化体系的不断建立和转化技术的不断探索，一些国内外学者已经开始对香蕉枯萎病、束顶病基因进行了克隆。Sagi等人用Cooking banana（基因型ABB）细胞悬浮系为受体，利用基因枪将*GUS*基因轰击细胞，再通过细胞组培选择，获得了转基因植株。陆旺金于2003年克隆出香蕉的膨胀基因。可见，通过转基因获得香蕉抗病品种的方法是可行的，重要抗病基因的分离克隆无疑会加速香蕉基因工程育种的进程，但目前尚未获得真正有应用价值的转基因品种。

二、香蕉抗枯萎病主要品种

目前我国香蕉抗枯萎病品种选育主要是通过资源植物引种驯化完成

的。通过人工栽培、自然选择和人工选择，使野生植物、外地植物或外国的植物适应本地自然环境和栽种条件，成为生产或观赏需要的本地植物。适应性试种成功后，通过组织培养技术工厂化育苗，能够在短时间内大面积替换淘汰原有品种，对促进我国香蕉产业的发展及良种普及起着举足轻重的作用。经过几十年的努力，目前我国香蕉抗枯萎病主要品种有如下 8 种。

（一）抗枯 5 号

品种登记编号：粤登果 2006001。

选育单位：广东省农业科学院果树研究所。

品种来源：从国际香大蕉改良网络种质交换中心（ITC）引进的香蕉品系 GCTCV-119。

选育过程：GCTCV-119 是我国台湾香蕉研究所利用组培体细胞变异系统选育方法选出的高抗香蕉枯萎病香蕉新品系，送给国际香大蕉改良网络种质交换中心（ITC），由该中心提供给有关香蕉生产国开展全球测试项目（IMTP），2003 年初经农业部及广东省农业厅植保总站有关部门批准，我们从该中心引进 5 瓶香牙蕉品系 GCTCV-119（编号 ITC 1282）脱毒无菌分化芽，经观察认为无典型检疫性病害后，用组培苗进行大田试验。由于有多个香牙蕉品系参与抗香蕉枯萎病试验筛选，GCTCV-119 香蕉品系排号第五，故取名抗枯 5 号。在广州市番禺万顷沙镇、中山市民众镇、广州市番禺区东涌镇等香蕉枯萎病高发园，抗枯 5 号香蕉枯萎病发病株率很低，对照品种巴西蕉发病株率在 95%以上。按照田间香蕉枯萎病测试分级标准，抗枯 5 号为高抗香蕉枯萎病。抗枯 5 号于 2006 年 12 月通过广东省农作物品种审定委员会登记为香蕉新品种。

特征特性：假茎高 278 厘米，假茎基粗 69.4 厘米，假茎中周 49.9 厘米，茎形比 5.57，假茎中绿色、有光泽，大面积着紫黑色；果顶钝尖至圆，果形微弯，果指长度 19.4 厘米，果指粗度 11.0 厘米，果柄长 2.3 厘米，果指微具棱角，单果重 101～180 克。绿熟果果肉淡黄色，成熟果皮颜色较深黄，肉质较粉实，货架期较长，成熟果肉乳白色，香甜，果实可食率68%。生长周期为14～16个月，比巴西蕉长2～3个月。田间表现高抗4号小种尖孢镰刀菌香蕉枯萎病，抗寒力、抗风力比同高度的香牙蕉弱。

产量表现：2004—2005年4—6月在广州番禺区东涌镇、南沙区万顷沙镇和中山民众等枯萎病区种植，株产为13.8～22.6千克，平均为18.9千克。

栽培技术要点：可以选择在香蕉枯萎病高发、土层深厚、土质疏松、排灌良好的肥沃壤土建园。种植前深翻土壤，施足基肥，坡地或旱田可低畦浅沟施肥，选用10片叶龄以上的粗壮组培假植苗，仲秋抽生的吸芽也是翌年早春种植的好种苗，能防止植株露头及缩短生长周期。种植时期，冬暖地区宜在2—3月早春植，台风危害较轻的地区宜在6—9月夏秋植。种植密度，最好单茬栽培，每亩栽植120～130株。施肥以有机质肥为主，化肥以施钾、氮肥为主，配合施磷、镁肥。排灌，注意保持土壤润湿，旱灌涝排。留芽，有培土条件的蕉园，可留第5～6路芽为继代株。无培土条件的蕉园最好不留芽或留芽后取芽套种。上泥培土，香蕉生长中后期植株露头，要培土促进新根生长，使之增加抗风力。中后期，在蕉树旁边要立防风桩，增加抗风力。老蕉园重点预防香蕉象鼻虫，其他管理与一般香蕉园相同。

主要种植区：目前该品种主要分布在广东番禺、中山枯萎病区，广西、海南蕉区也有一定种植面积。

（二）农科1号

品种审定编号：粤审果2008002。

选育单位：广州市农业科学研究所。

品种来源：巴西香蕉无性系选育而成。

选育过程：在巴西蕉收获时发病率超过95%的蕉园，每株选取1个健康株吸芽，按常规组培繁殖进行快速繁殖，经继代培养14～15代后出根成苗，假植于经消毒的干净纯河沙中。植后30天选取变异单株或疑似变异单株，在离其根部2厘米处剪断根系，蘸取经华南农业大学热带亚热带真菌研究室和广州出入境检验检疫局鉴定的致病病原菌 4 号小种［*Fusarium oxysporum* Schl. f. sp. *cubense*（E. F. Sm.）Sny. &Hans.］的菌液（100 倍显微镜视野有大型分生孢子约 3 000个），然后植于规格为 10 厘米×12 厘米的营养杯中。植后 2 个月，在变异株系中初选出尚未有发病症状的单株种植于隔离玻璃棚内，再进行伤根接种，每月接种 1 次，连续接种 3 次，复选出未发病单株的吸芽进行组培繁殖，同时观察复选株的综合农艺性状。选取综合农艺性状相对较好的复选株系组培苗进行从大田至室内抗性测定的筛选，并于 2004 年初步筛选出抗性好、农艺经济性状表现良好的 1 个单株。2005—2006 年在广州南沙区的万顷沙，广州番禺区的化龙、灵山、大岗、横沥等镇，中山黄圃、三角、港口、民众、南土朗等镇，以及南海三山等重发病区进行了多点试种试验，表现出很好的抗性和良好的农艺性状。定名为农科 1 号。

特征特性：中秆香牙蕉品种。平均株高 259 厘米。生长周期、果指粗、果轴粗等性状与巴西蕉相近，果实可溶性固形物、可溶性糖含量均比巴西蕉略高，总酸度略低，果实风味、品质好。产量、抗性等性状表现较稳定，是优质、高产、抗枯萎病品种。农科 1 号穗长、梳指长、果指粗等与巴西蕉相近，每梳果数比巴西蕉多且上下数量分布均匀，头尾梳均为 19～21 只；而巴西蕉一般头梳为 20～28 只，尾梳 16～18 只。田间表现抗枯萎病，在巴西蕉枯萎病发病率超过 60%的蕉园种植，平均发病率为 6. 8%，较巴西蕉低 90. 6%。

产量表现：经多造多点试验，平均株产 20～25 千克。

栽培技术要点：在巴西蕉枯萎病发病率达 20%以上的蕉园，农科 1 号可替代巴西蕉进行种植。农科 1 号香蕉生长特性、生育期与巴西蕉相近，可按种植巴西蕉习惯安排植期。但由于其果轴略短，尤其是在肥水条件较差和低温时会影响抽蕾，春植最好使用 12 叶龄以上的老壮苗并加强肥水管理，以避开低温抽蕾。农科 1 号香蕉株型较紧凑，单位面积可比巴西蕉多植 10%；如珠三角地区每亩宜种植 120～130 株。农科 1 号由于其茎节较密，果数较多，适宜高肥栽培，尤其需要重施孕蕾肥，以增加茎节长度，改善果穗形态。在断蕾时适当疏果，如每梳保留 19

只左右，可保持较好的果穗形态。夏季注意排涝，防止积水。同时，降低枯萎病病原基数，对减少农科 1 号的枯萎病发生具有显著效果。此外，夏植时在小苗期、壮苗期注意防治花叶心腐病。

主要种植区：目前该品种主要分布在广东番禺、中山枯萎病区，广西、海南蕉区也有一定种植面积。

（三）桂蕉 9 号

品种来源：巴西蕉芽变株系育种。

选育单位：广西壮族自治区农业科学院生物技术研究所、广西植物组培苗有限公司、广西美泉新农业科技有限公司选育的香蕉品种。

选育过程：2009 年，海南省黄流镇种植的巴西蕉蕉园发病率在 85%以上，2010 年于荒废的蕉园中发现几株吸芽长势旺盛，全生育期均未发病，能正常抽蕾结果，表现出较强的抗（耐）性，初步判断为抗（耐）枯萎病的巴西蕉芽变植株，并收集 9 个株系的吸芽进行组培。2011 年将香蕉枯萎病 4 号生理小种接种至组培杯苗中进行抗病性评价，经筛选发现其中 2 个株系蕉苗发病指数低于其他株系蕉苗。随后，从其中一个株系（GK1）试验种植区中筛选出 20 个株系进行组培快繁，并经过“接种病原菌筛选→重病区种植筛选→病区种植筛选→组培快繁育苗”的反复循环纯化与检验过程。采用 ISSR 分子标记进行鉴定，认定为巴西蕉芽变株系。2011—2015 年参加多点种植品种比较试验、区域试验、生产试验等，GK1 均保持相对稳定的生物学特性，对枯萎病的抗（耐）性明显高于目前广西主栽品种桂蕉 6 号、巴西蕉、桂蕉 1 号等易感枯萎病品种。2015 年 6 月 GK1 通过广西农作物品种审定委员会审定，并命名为桂蕉 9 号。

特征特性：中秆香牙蕉品种。假茎绿色且有褐色斑块，基部内层略显淡红色；假茎高 230. 0～320. 0 厘米，假茎基部茎围 70. 0～90. 0 厘米，茎形比为 4. 5～4. 9。叶片叶形比（长宽）为 2. 3～2. 6；叶柄基部有褐色斑块。果穗呈长圆柱形，果梳排列较整齐，果形美观；果穗长 65. 0～110. 0 厘米，每穗 7～14 梳，每梳果指数 15～34 条，果指排列紧凑，果指微弯，果指长18.0～28.0厘米，株产20.0～40.0千克。桂蕉9号全生育期在不同种植区域及不同水肥管理条件下存在一定差异。因此，水肥管理较差的蕉园建议采取秋植或春植大苗方式。宿根蕉与新植蕉收获期间隔约10个月。在枯萎病发病较轻或经多年轮作其他作物的地块种植桂蕉9号，其发病率为2.00%～12.00%。

栽培要点：选择适宜蕉园，亩植110株～130株为宜，宽窄行定植，株距1.6～2.0米，窄行1.7～2.0米，宽行3.0～5.0米。可9—11月秋冬植，也可在2—3月用大苗进行春植。施肥要以有机肥为主，化肥为辅，按常规香蕉品种的水肥管理外，最好还施用一些微生物有机肥。做好果穗管理：主要包括校蕾抹花垫把、断蕾和疏果、果穗套袋等，果穗管理技术与常规品种相同。加强对香蕉枯萎病、根结线虫的防控，全生育期防治象甲、蚜虫、红蜘蛛、斜纹夜蛾、叶跳甲、卷叶虫、花蓟马等。

产量表现：经多造多点试验，平均株产20～25千克。桂蕉9号果实催熟后，果皮金黄，果肉乳黄色，甜度适中，微糯，有香味，果实有较好的耐贮性。

主要种植区：桂蕉9号适宜在热带和南亚热带香蕉产区生长，在土层深厚、土质疏松、排灌良好的肥沃土壤及光照充足的条件下更易获得丰产稳产，目前主要在广西种植。

（四）南天黄

品种来源：巴西蕉芽变株系育种。

选育单位：广东省农业科学院果树研究所。

选育过程：1996年，广东省农业科学院果树研究所在广州市番禺区万顷沙镇首次确认发生侵染香牙蕉的枯萎病4号小种，此后开始针对香牙蕉抗枯萎病4号小种的品种资源鉴定、引进及品种选育工作。2002年，从国际香大蕉改良网引进23个品种资源以及我国台湾地区的新北蕉。2004年春，在万顷沙镇新安村绿泽农场进行品种抗性鉴定试验。2005年，从宿根蕉中选出较耐病，经济性状好的‘抗枯1号香蕉’、

‘巴西蕉’等品种的单株；再组培育苗在新安村和联丰村试种，初选出一批香蕉共10个单株，采吸芽进行组培繁殖。2007年，在新安村进行试种，对照品种为‘抗枯1号’、‘巴西蕉’、‘农科1号’、‘抗枯5号’等。2008年，现编号为“6-2”的单株抗枯萎病性和经济性状表现较好，生物学特征明显区别于原种‘宝岛蕉’。2009年，从宿根的园中选出“6-2”进行繁殖，初步称为‘南天黄’香蕉。

特征特性：中秆香牙蕉品种。假茎高度与‘巴西蕉’接近，但黄绿色；内茎淡绿或浅粉红色，其他香牙蕉为紫红色；叶柄较短，叶翼边缘有波浪形红线；组培苗（大叶芽）叶色较淡绿，少紫色斑；春夏，抽出吸芽为青笋，其他香牙蕉为红笋。对比‘巴西蕉’发病率>80%的重枯萎病地，能达到发病率<10%的高抗水平；抗其他真菌、细菌、病毒病；较其他香牙蕉抗叶斑病、黑星病、叶边缘干枯、卷叶虫。生物学、经济性状接近或等于‘巴西蕉’的水平，抗风性、收购价、经济效益基本一样，区别于其他抗枯萎病4号小种的品种类型。生育期在海南南部与‘巴西蕉’基本同时收获，北部略长2～4周。

栽培要点：选择冬季无严重霜冻的新地或种植过香蕉的旧蕉园，旧蕉园轮作过其他作物的更佳。交通方便，排灌条件良好，地下水位低，pH值5.5～7.5为宜。采用8～14片新发生叶的营养杯组培苗，可以在春季2—5月、夏季6—8月、秋冬9—11月种植。以每亩110～170株为宜，低纬度的产区每亩可以种植170株。建议宽窄行定植以方便田间管理。种植时应比‘巴西蕉’品种深3～6厘米，穴面也要低10～20厘米，以免以后露头。前期施氮肥较多，香蕉抽蕾前后施钾肥、镁肥、钙肥、硼肥及微量元素肥，补充大量有机肥。做好果穗管理：主要包括校蕾抹花垫把、断蕾和疏果、果穗套袋等，果穗管理技术与常规品种相同。加强对香蕉枯萎病、根结线虫的防控，全生育期防治象甲、蚜虫、红蜘蛛、斜纹夜蛾、叶跳甲、卷叶虫、花蓟马等。

产量表现：经多造多点试验，平均株产20～25千克。

主要种植区：截至2016年春，‘南天黄’香蕉累计在广东、海南、云南等地推广种植约1 000万株。

（五）粤科1号

品种来源：巴西蕉芽变株系育种。

选育单位：广东省农业科学院。

特征特性：中秆香牙蕉品种。假茎高2.65米，叶片间距较短，有时对开排列于两侧，束集在植株顶端，如扫把状。生育期370～380天，比同植期巴西蕉迟25～30天抽蕾。高抗香蕉尖孢镰刀菌枯萎病，在病害严重发生的地块（巴西蕉发病率50%以上）种植发病率低于9.5%。生育期在海南南部与‘巴西蕉’基本同时收获，略长20～30天。

栽培要点：选择冬季无严重霜冻的新地或种植过香蕉的旧蕉园，旧蕉园轮作过其他作物的更佳。前期施氮肥较多，抽蕾后施钾肥、镁肥、钙肥、硼肥及微量元素肥，补充大量有机肥。植株抽蕾时，应保持水肥供应充足，低温、干旱季节要补氮、补钙肥，经常检查蕉株，校蕾、绑叶，减少落蕾。小苗定植前期防治地下害虫、线虫、蚜虫、斜纹夜蛾及卷叶虫；抽蕾前期防卷叶虫、花蓟马、跳甲等。

产量表现：经多造多点试验，平均单株产量30千克，果指长23厘米，每梳平均120只。果实品质、风味中上，接近巴西蕉，每100克果肉中含可溶性固形物20克，可溶性糖18克，总酸0.27克，每1 000克果肉含维生素C 275毫克。

主要种植区：粤科1号目前在热带和南亚热带香蕉产区均有种植，尤其在土层深厚、土质疏松、排灌良好的肥沃土壤及光照充足的条件下更易获得丰产稳产。

（六）金手指香蕉

品种登记编号：粤登果2006002。

选育单位：广东省农业科学院果树研究所。

品种来源：从国际香大蕉改良网络种质交换中心引进的香蕉品种Goldfinger。

特征特性：新植蕉假茎高度为296厘米，假茎基部粗90.3厘米，假茎中部粗 58.2 厘米，叶片长度 225 厘米，叶片宽度 81 厘米，叶片较开张；果穗长度 67 厘米，果穗粗度 119 厘米，每穗 8 梳的果数 129 只，每穗 10 梳的果数 162 只，果指长度 18～21 厘米，果指周长 11.9～14.0 厘米，果柄长 2.4 厘米，单果重 250 克。果形直或微弯，果顶尖至钝尖，绿熟果果皮青绿色。果实可溶性固形物含量 20.5%，维生素 C 含量 13 毫克/千克，可滴定酸含量 0.56%，蔗糖含量 7.36%，可溶性糖含量 16.82%。生长周期 14～15 个月，比巴西蕉长 2～3 个月。抗枯萎病、叶斑病、根线虫病及耐风、耐寒和高产。

栽培技术要点：可在春、夏、秋季种植。亩种植株数 100～110 株。建议增施有机肥，降低果实含酸量，提高品质。宿根栽培，要适当推迟留芽。

产量表现：2004 年中山市坦洲镇中试，株产 26.2 千克，比巴西蕉增产 36.5%，比威廉斯增产 33.7%；2004 年广州市番禺区东涌镇品比试验，株产 25.4 千克，比巴西蕉增产 19.8%，比东莞大蕉增产 29.6%。

主要种植区：目前该品种主要分布在广东番禺、中山枯萎病区。

（七）粉杂 1 号粉蕉

品种审定编号：粤审果 2011007。

选育单位：广东省农业科学院果树研究所、中山市农业局。

品种来源：广粉 1 号粉蕉的偶然实生苗。

特征特性：树势中等，叶片开张、较短窄，假茎高 325 厘米。果指短而粗，果指长度和果指周长均为 13.6 厘米，单果重 143 克，平均梳重 2.0 千克，成熟果皮黄色，皮厚 0.15 厘米，果肉奶油色或乳白色，肉质软滑，味浓甜带甘、微酸，可溶性固形物含量 25.72%，总糖含量 21.06%，可滴定酸含量 0.45%，维生素 C 含量 146 毫克/千克，可食率 74.2%。田间表现抗香蕉枯萎病能力强，在未种植粉蕉的香蕉枯萎病园田间发病率低于 5%。

栽培技术要点：选用组培苗或健壮吸芽苗种植，组培苗在 2—6 月种植，吸芽苗在 4 月底至 6 月种植；宿根蕉行距 2.8 米，株距 1.8～2.0

米，每亩120～130株；早抽生的吸芽出土后50～80厘米时除去；秋、冬季最好用稻草覆盖土壤保湿，冬季抽蕾和挂果最好套薄膜袋防寒，挂果株要立防风桩支撑果穗，每穗果留7～8梳；断蕾后4～5个月便可采收，收获后用800毫克/升的乙烯利溶液喷果或浸果，在22～26℃的温度下催熟。

产量表现：春植平均株产13.9千克，折合亩产为1 668千克。

主要种植区：目前该品种主要分布在广东番禺、中山枯萎病区，广西、福建、海南枯萎病区也有一定的种植面积。

（八）海贡蕉

品种认定编号：琼认香蕉2012002。

引种单位：海南绿晨香蕉研究所、广东省农业科学院果树研究所。

品种来源：从菲律宾引进，菲律宾名称Inarnibal。

选育过程：海贡蕉原名‘Pisang Empat Puluh Hari’，由马来西亚华侨黄世端先生引进。品种认定主要完成人2007年11月从国际香大蕉改良网（IN-IBAP）（现国际香蕉多样性组织）用试管分化芽引进。别名：抗病皇帝蕉；印度尼西亚名称：Piang Lampung；马来西亚名称：40天蕉。该品种在国际香大蕉改良网芭蕉种质交换中心（INIBAP-ITC）编号为ITC00477，品种名‘Inarnibal’（菲律宾），经过组培繁殖后在海南、广东省进行品种比较试验，再经过组培繁殖，试验和大面积推广种植证明‘Pisang Empat Pu-luh Hari’和‘Inarnibal’同物异名，属Musa AA群，别名‘皇帝蕉’或‘抗病皇帝蕉’。

特征特性：该品种属Musa AA群，全生育期属栽培香蕉中最短，大田定植7～11个月，断蕾到采收需55天左右。假茎高160～300厘米，最高可达350厘米，茎基部周61厘米，茎中周45厘米，茎秆较纤细，假茎青绿色，叶鞘内假茎带紫红色，把头浅绿色披白蜡粉；叶片直立狭长，长180～250厘米，宽45～60厘米。叶淡黄绿色，卷筒叶背绿色带紫红色，披白蜡粉；叶片中脉背部披白蜡粉，部分带紫红色。果梳数较少，果指长8～13厘米，果形直混圆，果顶尖，区别于贡蕉。高温催熟后果皮也能变金黄色，较贡蕉鲜黄。果皮厚约0.1厘米，果实总糖含量18%～26%，果肉质细滑，香甜微酸，风味较贡蕉差。天然高抗香蕉枯萎病4号小种，对香蕉枯萎病1号小种免疫；抗寒性、抗叶斑病、黑星病、花叶心腐病较香蕉、贡蕉强。

栽培技术要点：选择适合种植香蕉、发生过香蕉枯萎病4号小种的弃耕土地；如果土壤为沙壤土，必须检查植物有无根结线虫，有根结线虫者不可取，或土壤熏蒸杀灭地下害虫后种植。选用组培苗，茎高25厘米，叶片为8～10片。可以在春季2—5月，夏季6—8月，秋冬季9—11月种植。种植株行距为1.8米×2.2米，可适当密植，每亩种植160～200株。采用水肥一体化技术，提高产量和商品率。生长前中期要供足水肥，促进营养生长。抽蕾后要及时校蕾，抽蕾后10天左右断蕾。断蕾时，留6～8梳为宜。注意防治叶斑病、花叶病、束顶病、炭疽病等。在抽蕾后50天，中间梳果实棱角刚退果身圆润饱满（即7～8成熟）时采收。

产量表现：平均每穗果重3～9千克，最高可达15千克。

主要种植区：目前该品种在广东、广西、福建、海南枯萎病区均有一定的种植面积。

三、宝岛蕉选育及分布

品种来源：宝岛蕉，又称新北蕉（Musa AAA Cavendish cv Formosana），是我国台湾香蕉研究所通过组培体细胞变异系统选育方法培育的抗香蕉枯萎病高产新品种。

选育过程：宝岛蕉是从我国台湾宝岛传统品种北蕉的组织培养后代植株中选育获得，兼具有抗黄叶病和丰产优良特性的变异株。台湾香蕉研究所于2001年12月命名为宝岛蕉，俗称新北蕉。中国热带农业科学院热带作物品种资源研究所、环境与植物保护研究所和海南蓝祥联农科技开发有限公司于2002年先后从我国台湾引进。该品种引进后，中国热带农业科学院热带作物品种资源研究所、环境与植物保护研究所、海南蓝祥联农科技开发有限公司等单位将其与海南主栽品种巴西蕉进行了品比试验，发现宝岛蕉的产量、果实品质、抗逆性等多个性状均优于巴西蕉。随后开展组培快繁宝岛蕉，于 2006 年开始在海南进行适应性试种和筛选，淘汰变异株，挖取优选株吸芽进一步组培驯化，从中挑选抗性及农艺经济性状良好的单株在海南省各香蕉产区进行多点试种推广。宝岛蕉从引进、品比试验、区域试验、生产性试验再到配套栽培技术的研究推广，历经十余年，从多点试种、多造香蕉的试验结果表明，宝岛蕉是兼具丰产和抗黄叶病的优良品种。2012 年通过海南省农作物品种审定委员会认定，并获得品种认定证书（编号：琼认香蕉 2012003）。

生物学特性：该品种在海南种植生育期约 13 个月，比主栽品种巴西蕉长约 30 天。植株高度约 280 厘米，假茎粗壮，约 80 厘米；叶片厚而宽圆、深绿色；初期树型张开、后期数片新叶直立丛生茎顶；叶柄稍短，柄缘有细密皱褶；整株青绿，茎秆基部泛紫红。花蕾呈圆柱形，比巴西等品种大。开穗时萼片不易脱落，现把多而整齐，每果串着生 11～14 个果把，果把排列稍紧密，果形整齐，一致性好，少有双孖果。果串最上方与末端果把之间平均果指数相差不大，总果指数达 191~240 根；果梗稍短，果指形状与巴西品种相同。果皮呈深绿色，厚度中等；催熟后呈鲜黄，颜色均匀一致。果肉香甜、呈乳白色。对黑星病、叶斑病、象鼻虫等病虫害的抗性与巴西蕉相当；对香蕉花蓟马侵入花苞引起的果房水锈，受害程度较巴西蕉严重；较抗黄叶病。

产量表现：在高产蕉园果串重达 35～45 千克，中产蕉园 30～35 千克，低产蕉园 25～30 千克。与巴西香蕉相比，宝岛香蕉果指更弯，果实可溶性糖、总酸、可溶性固形物和维生素 C 含量均明显高于对照品种巴西香蕉。

主要种植区：目前该品种在海南推广面积已达 20 000亩，主要分布在海南南部昌江、东方、乐东、三亚等市（县）香蕉产区，其次为海南西北部儋州、澄迈、临高等县（市）蕉区。

第四章　宝岛蕉种苗繁殖技术

香蕉属于芭蕉科芭蕉属。食用香蕉分为香蕉类型、大芭蕉类型和粉蕉类型。现在香蕉的栽培种起源于尖叶蕉和长梗蕉，是由这两个原始种通过杂交后进化而成的。香蕉的染色体基数为 11，如果把尖叶蕉基因组称为 A、长梗蕉基因组称为 B，一般 A 基因产量较高、风味较佳，而 B 基因抗逆性较好，如抗寒性、抗旱性、抗涝性等。香蕉的基因型可分为二倍体的 AA、AB、BB，染色体 22 个；三倍体的 AAA、AAB、ABB、BBB，染色体 33 个和四倍体的 AAAA、AAAB、AABB、ABBB 和 BBBB，染色体 44 个。四倍体香蕉主要是由二倍体经人工培育而成的品种。二倍体香蕉产量较低。在生产上的栽培品种主要为三倍体香蕉。在三倍体香蕉中，AAA 和部分 AAB 的风味较好，多以鲜食为主，而 BBB、ABB 和部分 AAB 的风味较差，多以煮食为主。香蕉是由尖叶蕉进化的三倍体，大蕉和粉蕉则是杂种三倍体。三倍体香蕉由于染色体的配对发生紊乱，从而不能正常地进行减数分裂，不能产生种子，只能通过无性繁殖繁衍后代。宝岛蕉属于于芭蕉科象牙蕉，传统采用吸芽繁殖和地下茎切块繁殖育苗，现在多采用组织培养的方法，即用少量的优质吸芽就可以繁殖出大量的优质种苗。

一、宝岛蕉吸芽分株繁殖

吸芽是着生于地下球茎上的一种营养体，每一支吸芽只能开花结果 1 次。第一次在大田定植的吸芽叫做新植蕉，在新植蕉球茎上继续长出的吸芽叫做宿根蕉。吸芽除了留用作结果母株外，通常进行分株繁殖种苗。吸芽繁殖是香蕉栽培传统较为普遍的育苗法。吸芽分株繁殖方法简单，可获得健壮种苗，在生产上最为常用，但是，吸芽生产的好坏对母株及后代的产量均有很大的影响，所以在进行吸芽分株繁殖时，应根据母株的生长发育状态、吸芽的种类以及栽培水平等灵活掌握，使被选留的吸芽能茁壮健康生长。

（一）吸芽种类及选择

同一母株上抽生的吸芽，通常是由球茎最低位置的芽先抽生，以后逐个在球茎较高的位置上长出。按母株外形和营养状况的不同，吸芽可分为剑芽和大叶芽两类。剑芽茎部粗大，上部尖细，叶小如剑，一般常用做母株或分株成种苗。不同季节发生的剑芽又可分为笋芽和褛芽。立春后发生的嫩红色吸芽形似红笋状，俗称为红笋芽。秋后萌发的吸芽形似褛衣，俗称为褛芽。从尚未收获的母株球茎上当年抽生的吸芽称为角笋，又称为隔山飞或母后芽。大叶芽是指接近地面的芽眼长出的吸芽，可以是从生长的母株发出，也可以是在母株收获后从隔年的球茎上萌发。大叶芽芽身较纤细，地下部小初抽出的叶即为大叶，因此叫做大叶芽；种植后生长慢，产量低，一般不选用大叶芽作为继续结果的母株，也极少用作分株育苗。

此外，还有蕉米、翻抽蕉、蕉童等几种吸芽。蕉米是指春芽，一般高度15～20厘米，蕉苗小，生长慢，进入结果期迟。翻抽芽是指除芽时没有切去顶部生长点而出现的再生芽，这种芽生长缓慢，产量低。蕉童是指已开大叶、苗高12～15厘米的吸芽，这种苗成活率高、结果早、但当年产量低。吸芽生长速度、开花结果时间与气候密切相关。5—7月高温、高湿季节是发生吸芽的最有利时期，生长多而迅速。10月以后，气温渐凉，吸芽生长趋于缓慢甚至停止生长。吸芽发生时间与结果季节的关系也很密切，一般3—6月发生的吸芽，经过9～11个月的生长之后，便能开花结果。7—9月发生的吸芽，需要经过12～14个月的生长之后才能开花结果。

（二）宝岛蕉母株选择与管理

选择适应本地环境条件，丰产优质的品种建立繁殖蕉园。种植密度为：矮把蕉每亩140株以下，中把蕉每亩120株以下，高把蕉每亩80株以下。母株地下球茎是吸芽着生的地方，只有养分充足、硕大、健壮的球茎才能分生健壮的吸芽。因此，要勤施肥水，即每10天施1次肥，畦面稍干燥就淋水，这样保证肥水充足，地上叶片抽生快，叶片大，假茎粗，地下球茎就能获得充足的养分，将来吸芽发生多，生长壮。

（三）起芽时期和起芽选择

起芽是指从生长健壮，无病虫害的一年生以上的宝岛蕉母株上切取吸芽。宝岛蕉母株种植后约一个多月，球茎已长大，开始抽生吸芽。第一次抽生的吸芽离地面较深，往往发生于球茎的底部，靠近或紧贴母株，生长慢，而且因为贴近母株，起苗时易伤害母株，所以一般不留作预备株，也不宜用作种苗。当这类吸芽抽出后长至约10厘米时即用镰刀割掉，待母株上再抽生吸芽时，则留用作种苗。

在热带和亚热带地区，一般全年均可分株栽植吸芽，主要是春植和秋植两个时期。在旱、雨季分明的地区，雨季开始时分株栽植吸芽则成活率和生长较佳。春季分株栽植主要选用褛芽、红笋芽、角笋，秋季多选用角笋和蕉童。褛芽根系较多，定植后先长根后出叶，生长迅速，结实快，而且稳产，一般苗高40厘米时即可分株作种苗繁殖。红笋芽定植后先出叶后长根，如果肥料供应充足，则生长迅速，产量也高，一般苗高80厘米以上才定植，当年种，当年收冬蕉。角笋移植时宜附着一部分蕉头一起移植，则成活率高，结果期也较短，是秋植的良好种苗。蕉童移植成活率高，适宜用作秋植。

（四）起芽方法和处理

先将要起的吸芽外侧土壤小心挖开，挖至吸芽球茎底部为止，再用小铲挖开吸芽与母株之间的土壤，见到吸芽球茎与母株的联结处时，用洞锹从联结处铲下，使吸芽与母株分开，然后，拔出吸芽并回土将坑盖平。也可以在挖开土壤后用手或脚从吸芽基部用力把吸芽向凹陷处推开，使吸芽分开，这样伤口小，根保存多，有利成活。在同一时期不宜在同一母株上选取过多的吸芽，以免影响母株的生长。用于繁殖的吸芽应该尽可能符合以下要求，即球茎粗壮肥大，尾部尖细，苗身粗矮似竹笋，无病虫害，尤其是无束顶病。

吸芽取出后，剪去过大的叶片及过长或损伤的根，切口最好涂上草木灰或喷0.1%甲基托布津，以防腐烂，然后排放树荫下待运。吸芽最好随取随种，尽量避免长时间运输。运输距离在24小时以上者，吸芽上的叶片要从叶柄基部割去，只留下未张开的叶，以减少吸芽在运输途中的水分蒸发。吸芽起出后，要加强母株的肥水管理，一年内每株母株可陆续起吸芽，苗10株以上，种苗规格较整齐，种苗管理也较方便。但是，这种以繁殖种苗为主的蕉园，由于起苗频繁，母株根系受伤面积大，产量会受到一定影响，一般会减产30%～50%。

二、宝岛蕉地下茎切块繁殖

地下茎切块繁殖主要是为了在短期内培育大量芽苗而采用的繁殖方法。采用尚未开花结果的植株或大吸芽的地下茎（10—11月萌芽）为材料，切块时间最好在11月至翌年1月，大部分可以发芽，4、5、6月苗高40～50厘米即可栽植。此繁殖方法的优点是可减少病虫害，成活率高、生长、结果整齐，初期植株比吸芽繁殖矮，较为抗风，但有第一代产量低的缺点。

地下茎切块繁殖的方法，先将地下部植株切掉，挖起块茎，留假茎12～15厘米高，然后将地下块茎切成4～10个小块，每块重量约120克以上，上带一个粗壮的芽眼，切面涂上草木灰防腐，接着按株行距15厘米，把切块平放于畦上，芽眼朝上，再覆土盖草，进行施肥管理。芽苗出圃前一周，应连续喷射等量式波尔多液2次，以防叶斑病。如发现束顶病苗应及时拔除，并撒施石灰消毒，以防传染。有线虫为害严重的地方，事前将地下茎外面黑腐的表皮刮净，用54～55℃的热水（或5%的甲醛）浸20分钟，杀死线虫，然后育苗。

通过上述无性繁殖的优点是：方法简单，基本能保持母株的遗传特性，其缺点是：繁殖效率低，容易传播病害而引起种性退化，不容易取得纯种而导致品质和产量下降。传统繁殖速度慢，据不完全统计，1株母株1年内最多只繁殖4～10个子株。另外，危害香蕉的病害主要是束顶病和花叶心腐病，这两种病属病毒或类菌质体，它们的潜伏期较长，通过地下茎的不定芽和吸芽进行繁殖，很难避免其母株就是带病株，从而造成病害，蔓延整个蕉园。

三、种苗组织培养技术

香蕉种植规模的急剧扩大，形成了对优质种苗的巨大需求，国内许多科研机构把快速发展的生物技术应用到香蕉育苗上，使香蕉试管育苗在大范围内成功应用，形成了我国香蕉种植材料上的一次大革新。通过香蕉试管育苗技术，培育出大量优质无病毒、生长整齐的香蕉组培苗代替了传统的吸芽苗，从而大幅度提高了我国香蕉的生产水平。目前，香蕉工厂化育苗在许多国家已普遍应用于生产，我国台湾地区也已通过种植组培苗调节香蕉的收获期以适应市场的需要。从20世纪80年代中后期开始逐步推广组培苗起，到目前国内新植香蕉80%以上都采用这类种苗种植。

组培苗也叫试管苗，是采用生物工程技术，切取香蕉良种吸芽苗顶端生长点作为培植材料（即外植体），然后移入有培养基的试管内，经3～5周培养，诱发成苗后，再移入增殖培养基中，进行多次的继代增殖培养，不断地诱发试管芽的增殖生长，再把试管芽转入生根壮苗培养基中培养，促使试管芽生根。长苗成为试管苗，当试管苗长到5厘米高时，可移植于苗圃中的营养袋上进行二级培育，待苗长至7～8片叶龄时，便可移入大田种植。组织培养育苗能一次繁殖大量香蕉苗，满足生产上的需要，并能节约时间和空间，减少病害传播。工厂化香蕉组培苗（试管苗）的优点：①繁殖速度快，不受外界环境因素的影响，一年四季都能进行生产，极大地满足了香蕉生产发展蕉苗的需要。②组培试管苗性状一致，能保持亲本的优良性状和生育期的一致性。③组培苗纯度高，变异少，香蕉的成熟期和收获生育期基本一致，比用传统的吸芽种植经济效益大大提高。保证香蕉种苗达到种性纯优、质量可靠、无毒无病、高产优质的标准，是发展香蕉产业，提高经济效益的重要技术措施。

在组培苗生产中要注意把好四个关键环节：①严格选好外植体材料；②严格检定外植体是否携带香蕉束顶病毒、花叶心腐病毒；③严格控制外植体的建立，应采用茎尖培养技术控制增殖芽继代增殖培养的代数，一般应严格控制在6代以内，防止发生变异；④严格去劣，即去除变异组培苗（劣变苗）。年产100万株宝岛蕉组培苗厂房规划见表4-1。

表4-1　年产100万株宝岛蕉组培苗（出苗期3～4个月）厂房规划

车间	面积/m^2	功能	要求及主要设备
清洗间	20	清洗培养瓶及用具	通风干燥，无污染源滋生，有三级流水洗槽
配药室	20	配药和存放母液	冰箱，分析天平，普通天平，蒸馏水器
消毒室	20	培养基配制与消毒	大型卧式消毒锅，小消毒锅，电炉
接种室	20	转接材料	无菌无尘，空调，除湿机，超净台，臭氧发生器，空气过滤装置，紫外灯
继代室	30	继代培养	控温控湿，空调，除湿机，臭氧发生器
生根室	40	生根培养	控温控湿，空调，除湿机，臭氧发生器
炼苗房	80	环境适应性炼苗	遮阴挡风，控温控湿，加热器
仓库	40	存放培养瓶、药瓶等	无特殊要求

（一）繁殖组培苗的实验室设施

组织培养是一项技术性很强的工作，无菌条件要求高，为保证工作的顺利进行，必须有最基本的实验设备条件。实验室由准备室、无菌接种室和培养室组成。在设计上，每个组成部分最好按工作的自然程序连续排列。

1. 准备室

准备室就是做接种前准备工作的场所。在有条件的情况下，可分成化学实验室、洗涤室、灭菌室。

（1）化学实验室：用于配制培养基。室内主要设置实验台架，台面要能够耐酸碱，台上有玻璃台架，并有放置用具的抽斗和柜。还应有大小水槽，供洗涤用。

（2）洗涤室：洗涤室有洗水池，用于洗涤玻璃器皿和培养瓶。水泥或木制平台以备分装培养基。

（3）灭菌室：主要设备是高压消毒锅。目前加热方法有两种，一种为电加热，另一种为煤气或柴油加热。将需要灭菌的培养基、接种工具放在密封的高温高压灭菌锅内，在 121℃高温和每平方厘米为一个大气压的压力下，一般持续 15～20 分钟后，可杀死一切微生物的营养体及其孢子。

2. 接种室

接种室也叫无菌操作室。它是进行宝岛蕉外植体材料消毒接种、无菌材料的转移等无菌操作的重要场所。无菌条件要求高，室内要求干燥、洁净，空间大小适中，装有紫外线灯（用于消毒），墙壁光滑平整，地面平坦无缝，空气不能对流。在我国南方，年降雨量较多，空气湿度大，在潮湿的季节霉菌和细菌很容易大量繁殖，因此，接种室最好设计在二楼以上，并且要安装空调机和吸湿机。室内的主要设备有超净工作台，接种和转移无菌材料时用的镊子、解剖刀、酒精灯及装酒精和消毒液的各种容器等。为了减少接种过程中的污染，还必须设置缓冲间，供工作人员换衣、帽、鞋、口罩之用。室内除照明用的日光灯外还须安装杀菌用的紫外灯；培养基贮放室，用于贮放灭菌后的培养基和器皿。

3. 培养室

培养室是离体组织和试管苗生长发育的场所，相当于作物的生长场所—大田，应为培养物创造适宜的光、温、水、气等条件。为了充分利用自然光，培养室的四周最好采用双层玻璃窗，两窗相距 12 厘米，内窗用铝合金推窗结构，利于密封和控制温度；培养室之间采用全玻璃隔墙，窗高 240 厘米，窗台 40 厘米，与室内培养架最低一层等高，阳台走道均为玻璃窗构成封墙，以防风雨冷热的影响。此外，还要考虑每个培养室的长宽比，过大不利于自然光的利用，过长不利于空调机的控制。

一般设计6.3米×5.7米的近正方形，高度3.3米较为合适。主要设施有空调机、加热器、温度控制器、定时器、培养架和培养瓶等。

根据宝岛蕉组培苗生产过程中的不同阶段，培养室可以分为增殖培养室和生根壮苗培养室两种。增殖培养室，用于培养外植体材料和增殖芽的继代增殖培养。为了减少污染，该培养室要求清洁干净，并且定期灭菌消毒。生根壮苗培养室，用于试管芽的生根壮苗培养。该培养室要求有较强的光照条件，除了可利用完全人工控制照明外，还可以用自然光培养。

（二）繁殖组培苗的苗圃

苗圃是宝岛蕉组培苗室外生产培育的场所。宝岛蕉组培苗假植苗圃地宜选择阳光充足，地域开阔，雨后无洼积水，病虫源少，土壤适作营养杯基质土，有清洁水源的地方。育苗地附近须无香蕉园和花叶病中间寄主植物。宜选择远离旧蕉园及容易传播香蕉病害、昆虫的中间寄主作物如茄科的茄子，辣椒、葫芦科的瓜菜及玉米、生姜、芋头等50米以上。同时交通方便，有淋喷灌水源，排水良好。地下水位低于50厘米以上，且周围无树木和高大建筑遮阴的地方建育苗棚。

苗棚搭建搭建前先清除苗圃地的杂草。以竹木或钢管为支架搭建苗棚，也可购买现成的棚架安装。规格一般为（30～50）米×8米×2.5米。管间间隔0.6米（竹）～1.0米（钢管），门口设立缓冲间。苗棚先覆盖60目防虫网，再覆盖塑料薄膜和遮光率70%～90%的遮光网。

（三）宝岛蕉组培苗培养基及其配制

培养基就象盆栽的土壤和肥料一样，它的组成对离体的植物器官和组织的生长起着重要作用。培养基的组成有大量元素、微量元素、碳水化合物及各种有机附加物如维生素、氨基酸、生长调节剂及各种天然产物，如椰乳、酵母提取液等。

1. 培养组成分

碳源：碳源供应细胞生长能源，主要是蔗糖。培育宝岛蕉苗可用白沙糖。糖有二个作用，一是维持培养基的合适渗透压；二是作为合成有机物的碳源。植物的叶片借光合作用把二氧化碳同化成有机物，组织培养中的各种外植体（接种材料）即使是叶组织，在人工培养条件下逐渐丧失进行光合作用的能力，从自养转为异养方式，故所提供的培养基必须具有外植体所需的有机物。碳元素的提供是极为重要的。糖的最适浓度依不同组织及不同培养阶段而异，一般浓度为2%～3%，即每升培养基加糖20～30克。

无机盐：包括大量元素、微量元素。大量元素主要是氮、磷、钾、钙、镁、硫；微量元素主要有铁、锰、铜、锌、钼、氯和钴等。

有机化合物：为宝岛蕉植物细胞提供必要元素和一些生理活性物质，如氨基酸、肌醇、烟酸、甘氨酸、维生素 B_1、维生素 B_6 等。

生长调节剂：生长调节剂是培养基中的关键物质，对宝岛蕉组织培养起决定作用。常用的主要为植物天然的5类激素物质，以及人工合成的类似生长激素物质，如萘乙酸、吲哚乙酸、吲哚丁酸等。

其他附加物质：这些物质不是植物细胞生长所必须的，但对细胞生长有益，如琼脂、活性炭等。

2. 培养组配制

母液的配制：在组织培养中，一般先配制母液，放入冰箱中保存，用时可按比例稀释。配制母液有两点好处：一是可减少每次称量药品的麻烦，二是减少极微量药品在每次称量时造成的误差。配母液有几种做法，但一般都配成以下4种不同混合母液。例如MS培养基母液的配制见表4-2。

表4-2　MS培养基母液及培养基配制参考表

母液名称	化学药品名称	培养基配方用量（毫克/L）	扩大倍数	扩大后称量（毫克）	母液定容体积（mL）	配制培养基吸取量（mL/L）
大量元素	硝酸钾（KNO_3）	1 900	50	95 000	1 000	20
	硝酸铵（NH_4NO_3）	1 650	50	82 500		
	硫酸镁（$MgSO_4 \cdot 7H_2O$）	370	50	18 500		
	磷酸二氢钾（KH_2PO_4）	170	50	8 500		
	氯化钙（$CaCl_2 \cdot 2H_2O$）	440	50	22 000		

（续表）

母液名称	化学药品名称	培养基配方用量（毫克/L）	扩大倍数	扩大后称量（毫克）	母液定容体积（mL）	配制培养基吸取量（mL/L）
微量元素	硫酸锰（$MnSO_4 \cdot 4H_2O$）	22.3	100	2 230	1 000	10
	硫酸锌（$ZnSO_4 \cdot 7H_2O$）	8.6	100	860		
	硼酸（H_3BO_3）	6.2	100	620		
	碘化钾（KI）	0.83	100	83		
	钼酸钠（$Na_2MoO_4 \cdot 2H_2O$）	0.25	100	25		
	硫酸铜（$CuSO_4 \cdot 5H_2O$）	0.025	100	2.5		
	氯化钴（$CoCl_2 \cdot 6H_2O$）	0.025	100	2.5		
铁盐	乙二胺四乙酸二钠（Na_2EDTA）	37.3	100	3 730	1 000	10
	硫酸亚铁（$FeSO_4 \cdot 7H_2O$）	27.8	100	2 780		
有机物质	甘氨酸	2.0	50	100	1 000	10
	维生素 B_1	0.1	50	5		
	维生素 B_6	0.5	50	25		
	烟酸	0.5	50	25		
	肌醇	100	50	5 000		

植物生长调节剂母液的配制方法：每种植物生长调节剂都必须单独配成母液。在香蕉组培中，一般用量为 0.1～8.0 毫克/升。所以，可根据所使用的浓度，先配成高浓度（100～500 毫克/升）的母液，在配制培养基时，根据浓度要求吸样后稀释即可。一般植物生长调节剂不溶于水，都需要溶于特定试剂内配制。

培养基的配制：①先将母液从冰箱取出，按顺序排好。分别按比例取大量元素、微量元素、铁盐、有机成分，然后加入植物激素及其他附加成分、糖，最后用蒸馏水定容至所需配制的培养基体积的一半。②溶化琼脂。称取应加的琼脂或卡拉胶，加水至所需配制的培养基体积的一半，加热煮溶。③把①和②混合在一起，搅匀。④用 pH 试纸测 pH 值，并用 1 当量浓度的氢氧化钠（1N NaOH）和 1 当量浓度的盐酸（1N HCl）调整 pH 值至 5.8～6.0。⑤分装。将配好的培养基分装于玻璃瓶，

1.0～1.5 厘米厚培养基即可。分装时注意不要把培养基倒在瓶口上，以防引起污染，分装完毕，盖上瓶盖，拧紧。⑥灭菌。一般采用高温高压灭菌法。

（四）宝岛蕉吸芽选取及接种培养

1. 种源选取

种源的选择是宝岛蕉组培苗生产的核心，直接关系到宝岛蕉苗的种质纯度和免疫性。因此，种源选择非同一般，各国家和地区都有有关的条文规定种源采集程序。澳大利亚规定采集必须有植物检疫专家一起，在方圆几千米内无病株（主要是花叶心腐病和束顶病）的蕉园中采芽。选种时必须选取包括产量、梳型、抗性等综合因素好的无检疫性病虫害种芽进行繁殖；并对其进行标记并编号以便进行跟踪观察，只要每株发生病变即销毁该编号的增殖芽。第一代母株另取一个芽送有关植检部门进行花叶心腐抗血清检验（ELISA），验证无病株号方可进行大量繁殖生产。取芽时应选择生长健壮的芽。挖芽时应稍靠近母株，避免挖裂芽伤及生长点而造成浪费。吸芽取回应尽快处理，时间过长吸芽生长点容易受污染，失活，外植体不易获得。吸芽取回一般 3 天以内接种成功率较高。母株的选择及取芽见图 4-1。

2. 接种及初代培养

从蕉园采取的吸芽用自来水冲洗干净，用不锈钢解剖刀切去吸芽的根和顶端，剥去外层，切成高 3 厘米的圆柱体，在超净工作台上，用 75%的乙醇消毒 2 分钟，再用 0.1%的高汞消毒 15～20 分钟。消毒液应浸没圆柱体，并经常翻动圆柱体，以便充分灭菌。然后再用无菌水冲洗 7～8 次，用解剖刀剥除外层叶鞘，留 3～4 厘米的基座，将基座十字形切成 4 块，每块带有 1～2 个芽原基，接入 MS+3～6 毫克/升苄氨基嘌呤+糖 3%+琼脂 7.0 克/升的诱导培养基中进行初代培养，置于黑暗的光照培养箱中，保持温度 28～30℃，培养 20～30 天即可转入瓶中。香蕉组织内含有大量的单宁，切开后容易褐变，因此操作时要选择锋利的解剖刀，动作要迅速，减少暴露空气时间，从而达到减少褐变的发生。种

A.母株

B.田间取芽

图 4-1　母株选择及取芽

及初代培养见图 4-2。

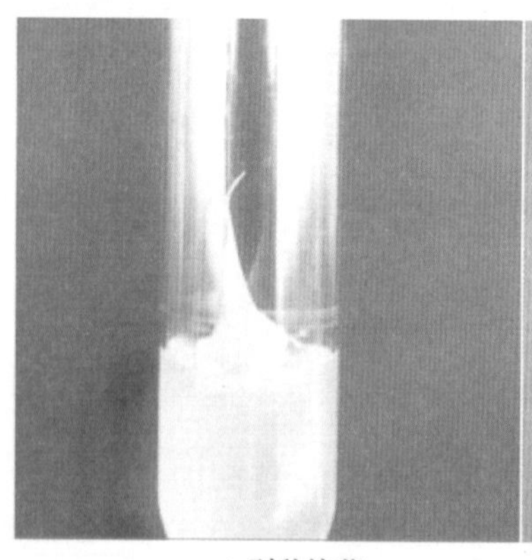
A.剥种接芽

B.不定芽发生

图 4-2　接种及初代培养

3. 丛生芽的继代增殖

当外植体诱发成芽丛或单生芽后，就要进行继代培养，也叫增殖培养。这一阶段的主要目的是使已建立的无性繁殖系以最快速度生产出能用以繁殖的苗。主要措施是用细胞分裂素和切割的方法。高等植物的每个叶腋中都有腋芽，通常由于腋芽的存在，顶端优势阻止腋芽的生长，但如果除去顶芽和使用生长激素，可解除顶端优势，使腋芽不断分化和生长，逐渐形成芽丛。反复切割这些腋芽和继代培养，就可在短期内得到大量的芽。外植体在人工控制的光照、温度、湿度及外源激素作用下迅速膨大。经过 25 天左右的培养、膨大的外植体可被切成 2~3 块，并被重新接种在新的增殖培养基上，这个过程叫继代培养。每继代培养一次就叫一代。通过多次的继代培养（香蕉一般为 7～8 代，时间为 6～7 个月）外植体数量就成几何级数的增长，这就是扩繁的过程。可将初代培养所得到的丛生芽在 MS+3～6 毫克/升 BA+0. 2 毫克/升 NAA+糖 3%+琼脂 7. 0 克/升的培养基中进行继代增殖，在 28～30℃，1 500lx 光照环境中培养 20～25 天即可继代增殖 1 次，并获得 2. 0～2. 7 倍的增殖率。增殖过程中及时挑捡出被细菌、真菌污染过的外植体。在培养过程中应有充分的光照，每天 1 500lx 光照时间应不少于 8 小时，如果没有光照或光照不足，则其假茎和叶柄的颜色退淡、转绿，甚至变为白色，影响增殖率。继代培养一般不超过 12 代，否则易引起突变。继代及生根准备见图 4-3。

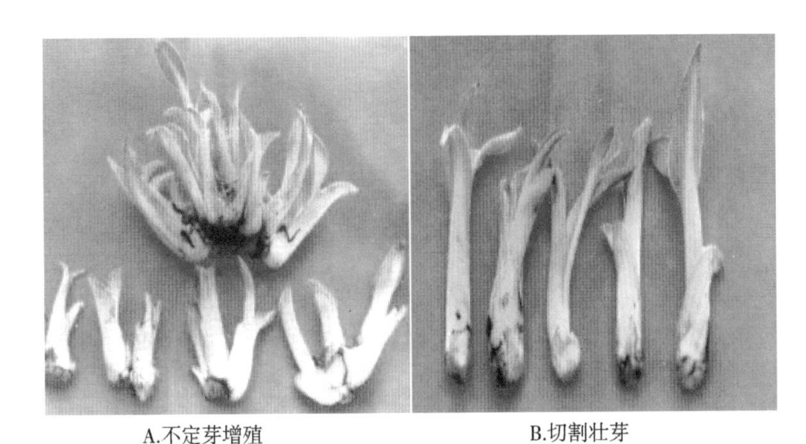

A.不定芽增殖　　B.切割壮芽

图 4-3　继代及生根准备

4. 生根培养

当增殖芽达到一定的数量时就必须部分或全部转入生根培养基。转瓶时，一般选择大芽接入生根培养基，若把全部芽接入生根培养基必须进行分级，大芽成苗只要 20～25 天，而小芽要 30～40 天。生根培养最主要是把不定芽从增殖改成不增殖而分化不定根。因此这个阶段必须创造一个适于根的发生和生长的条件，主要是降低培养基中无机离子的浓度，除去细胞分裂素，加入或增加生长素。培养基中，若无机盐离子浓度过高会抑制根系生长，从而影响小苗生长。通常将 MS 培养基的大量元素减半，其他成分不减。同时，在生根培养基中不应加入细胞分裂素而应增大生长素浓度。

生根培养基常常加入活性炭呈黑色，因为根生长需要黑暗条件，光照抑制根生长。加活性碳的培养基使小苗根系粗壮、根长且有侧根。活性碳浓度 1～3 克/升。生根苗培养过程中生长量较大，温度过低或过高都不利于生长。温度过低生长慢，温度过高易徒长。28～30℃最适合成苗，这样的温度下，小苗叶片大小适中，叶片着色好，根系发达。

5. 炼苗

经过上述过程我们就得到了根、茎、叶俱全的真正意义上的香蕉组培苗。我们称其为袋苗（有些是放在瓶中，称为瓶装苗）（图 4-4）。

A.袋装苗　　B.瓶装苗

图 4-4　宝岛蕉组培苗

成品香蕉组培苗得到后必须进入一个中间过渡的炼苗阶段，即把组培苗从工厂车间移出并进入一个更接近自然条件的荫棚，以使其逐步适应自然界的光、温、湿条件，以提高移栽成活率。

四、宝岛蕉假植苗育苗技术

从工厂车间出来的宝岛蕉组培苗从植物生理学上讲它是一株苗，但它还不具备宝岛蕉生产栽培上的条件。宝岛蕉组培苗在移栽到大田以前必须有一个炼苗的过程，通常叫假植。通过假植克服组培苗适应自然环境能力差的缺点，从而增强抗逆性，提高组培苗大田种植的成活率。假植通常要在具防虫网的塑料大棚中进行。塑料大棚既可以保温保湿，提高组培苗移植成活率，又可以隔离病虫。

（一）育苗点选择及搭建

育苗点的选择与育苗的成败有很大关系。首先必须考虑交通方便，有淡水水源，有电源，向阳，背风。交通方便有利于苗木运输。淡水水源在珠江三角洲地区很重要，珠江水冬季盐份高，对刚移出的组培苗有毒害作用，有时候致使幼苗大批量死亡。背风、向阳的地方有利于加温、防寒。

其次，育苗点应选择远离旧蕉园及传播香蕉病害的昆虫中间寄主作物，例如茄子、辣椒、瓜类、玉米、姜、芋、桃树等。

搭棚前场地必须先清除杂草，用杀虫剂全面杀虫减少虫口。大棚可以自搭竹棚或铁棚，也可以购买现成的棚架安装。购买的棚架是由镀锌管弯制成，其种类多。原则是工作方便，可以抗 8 级风，棚顶不积水，没有尖锐棱角刺破防虫网和薄膜，在门口设立缓冲间。

棚架安装好后就可以装钉防虫网，防虫网可以只装在需要打开薄膜通风的四周和门。装好防虫网就可以整个棚蒙上塑料薄膜，塑料薄膜以漫反射薄膜保温，增加光照效果为佳。大棚蒙薄膜时必须完全密封，以便更好保温抗风。最后在薄膜外遮上遮阳网，并拉上压膜线固定遮阳网和塑料膜，以免被风吹开。有条件的棚内还可以安装自动喷水、喷雾设备。夏季育苗应在棚内铺一层 3 厘米厚的粗沙，冬季育苗应起畦以利于排水。

（二）大棚育苗过程

1. 建圃

清除杂草，平整土地，根据地形搭建荫棚。通常整个棚先包一层40～60目的防虫网，再包上50%～75%遮阳度的遮阳网；如需要御寒保温，还得在安上遮阳网之前蒙一层塑料薄膜而成塑料大棚。

2. 营养土配制与装杯

选择营养土可以包括椰糠、木糠、谷壳、山地底层红泥、火烧土、已灭菌处理的塘泥、河沙、腐熟粪肥、磷肥等按一定比例混均匀或根据当地具体情况调配，如选择泥土：火烧土：细沙：牛粪（5：1：1：1）的培养基质，也可以用纯椰糠等做基质。基质充分混匀后，平铺在1.5米宽、长度随意的苗床上或装入育苗杯中，排整齐成畦，每畦14～16个。育苗杯推荐选用10厘米×10厘米或10厘米×12厘米、厚3毫米具孔的塑料育苗杯。

3. 炼苗

把生根好的瓶苗直接置于无直射阳光，且遮光度75%的荫棚下5～7天，利用太阳散射光使幼苗从嫩绿色渐渐转变为正常绿色即可。

4. 洗苗、消毒与分级

打开瓶盖或撕开袋口，轻轻将苗取出，浸泡于洗苗盆中，洗苗时可单株或多株搓洗根部，洗净根部培养基，然后放入0.1%～0.3%的代森锌溶液或其他高效低毒杀菌剂溶液中浸泡15秒，再按大、中、小进行分级。

5. 沙床假植

将炼过的袋苗用清水洗净培养基及部分老死的黑根，并用普通杀菌剂浸泡之后假植于河沙和椰糠混合的基质上，并用农膜进行覆盖，4～7天后待其重新长出新根后可移去农膜。这时的苗称为沙床苗。沙床假植过渡的目的之一是提高成活率、以避免直接将袋苗种到营养杯中容易造成大面积的死亡。目的之二就是提高出圃率，沙床就起到一个分级的作用。大苗和小苗可以分开出圃，尽量减少苗的参差不齐。

6. 装袋假植

假植前1～2天，先将育苗营养袋中的营养土用高效低毒杀菌剂溶液淋透消毒处理，待营养土有适当的干湿度后，才将沙床假植入营养土中，并剔除畸形苗（图 4-5），按照大、中、小各级幼苗分别分畦假植。假植时用树枝或手指在育苗袋正中插个小洞，把沙床假植苗的根茎部植入土中，并将根部理顺后将土轻力压实。有些香蕉苗圃也采用袋装苗直接假植到育苗袋的培育方法，略过了沙床炼苗的过程。

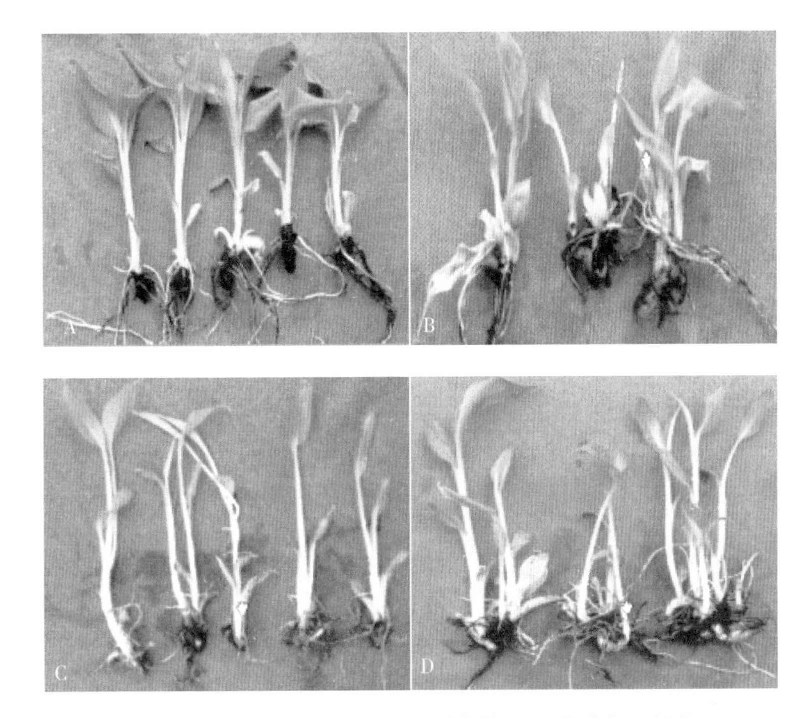

A. 正常苗；B. 豆芽苗；C. 多分蘖苗；D. 高节位生根苗

图 4-5　宝岛蕉正常袋装苗及畸形苗

7. 育苗管理

袋装假植后，立即淋足定根水后，加盖塑料薄膜小拱棚，移栽 7 天内见干浇水，7 天后揭去塑料薄膜。注意天气的变化，做好保温保湿工作。待小苗抽出第一片新叶后，开始施营养液，每周两次，浓度为 0.1%，小苗完全变绿后，营养液浓度可加大至 0.2%～0.3%。在整个育苗过程中必须及时做到大、中、小苗分类管理，沙床苗长出 3 片叶开始移栽营养杯，分苗时要求分行摆放，按大、中、小 3 种规格分类进行管理。在营养土装袋前，苗床上施少量药剂防治地下害虫。瓶苗假植后应经常检查植株的生长情况，每 10～15 天结合施肥喷施 70%甲基托布津 800～1 000倍液或75%百菌清 1 000倍液。注意要短时间通风排气，降低空气湿度，减少真菌病害发生的可能。

8. 变异株剔除

组培苗假植后，部分会出现叶片变细长，叶面不规则，花叶、叶片扭曲，叶柄变长，植株变矮等不同情况的变异，要及时剔除变异株，培育合格商品苗。劣变苗主要表现是：幼苗期叶片呈白色或淡绿色条斑，叶片畸形扭曲、肥厚、狭长，假茎呈淡红色，叶鞘排列松散，大田生长期表现矮且假茎粗短，叶柄短，果轴短，果穗不易下垂，果指排列紧密，叶片变异狭长，肥厚，直立状，叶片有嵌纹状的透明斑块，叶片扭曲，叶柄变长，叶鞘散生呈散把，叶片墨绿下垂，果梳较少，果实变小，甚至不能长大。

9. 出圃

当苗达到出圃标准时可出圃进入大田栽培。在保证种苗的前提下提高出圃率，尤其一次性出圃率是关键。选择苗株健壮，无病虫害，无变异，达到一定叶片数，叶色浓绿，大小一致的优质蕉假植苗移栽大田，才能达到无病、优质、高产、高效益的目的。宝岛蕉营养袋（杯）达到出圃标准的规格参照农业行业标准《香蕉 组培苗》（NY357—2007）的要求，具体见表 4-3。

表 4-3　香蕉袋装苗分级标准

项目	等级	
	一级	二级
叶片数，片	5～7	≥8 或<5
假茎粗，厘米	≥0.9	0.7～0.9
叶面宽，厘米	≥6.8	5.2～6.7

10. 装运

袋装苗要通过车辆转运到种植蕉园，袋装苗在装运、卸车和搬运的过程中要注意保护叶片，轻放轻拿，不要损伤叶片和营养袋，不要让营养袋中的基质疏松，以免伤及小苗和根系。在袋装苗出圃前，苗圃管理应提前采取控水措施，一方面增加袋装苗移栽时的抗旱性；另一方面不致使营养袋的基质松动。长势太弱的蕉苗，可于出圃前增施叶面肥，促进苗的长势和抗逆性。

（三）大棚育苗注意事项

1. 水分控制

组培苗在假植阶段对水分最敏感。缺水生长缓慢，干枯；渍水烂根、烂头死苗。一般来说，苗圃育苗成活率低，多因水分管理不善，淋水过多，培养基质不透水，苗床积水造成。种植后淋足定根水，以后 2～3 天淋水。定植后 7 天内棚内空气温度应保持在 95%左右，袋面沙应干湿交替，或上干下湿。高温干燥季节应常喷雾降温保湿，有利于促进叶片抽生。

2. 温度控制

最适应宝岛蕉苗生长的温度是 28～30℃，12℃以下生长停滞。致死温度在 3℃以下。冬季加温可以用电或木炭，绝对不能用煤炉，因为煤燃烧后的一氧化碳对蕉苗危害非常大。宝岛蕉苗可以承受很高温度，在阳光、水分充足的情况下，温度 45℃，阳光强度为 1/2 正常照射下，叶片不会受害也不会停止生长。在高温季节，可以卷起大棚四周薄膜，在棚内外喷雾，喷水降温以利宝岛蕉苗生长。

3. 施肥管理

宝岛蕉组培苗前期生长量小，对肥料要求不高，虽然营养袋中培养基质没有加入肥料也足够维持宝岛蕉苗生长。在抽生两片新叶以后，每周可喷叶面肥，如磷酸二氢钾、硝酸铵等，浓度为 1%左右。

4. 病虫害防治

为了防治地下害虫可在装袋前，苗床施少量克线丹、阿维菌素等。种苗后应经常检查新叶有无蚜虫及其他害虫；一旦发现立即喷药防治。同时要经常短时间通风换气，适当降低湿度，减少苗期真菌、细菌病害的发生。配合使用杀菌剂，如托布津、多菌灵等防治以保证蕉苗无病。

第五章　宝岛蕉生长发育规律

宝岛蕉蕉苗从苗圃出苗后，移栽到大田。移栽到大田后，宝岛蕉经过一系列生长发育，抽蕾、结果，从而完成周年生产。宝岛蕉是多年生常绿大型草本果树，整株蕉株由地上部和地下部组成。地上部包括茎、叶片、花和果实；地下部包括多年生粗大球茎、吸芽及根系。宝岛蕉每个部位都有自己的生长发育规律。只有全面了解各部分的生长发育规律，才能做到根据不同部位不同时期进行田间管理。

一、根系生长发育规律

（一）宝岛蕉根系特点及分布

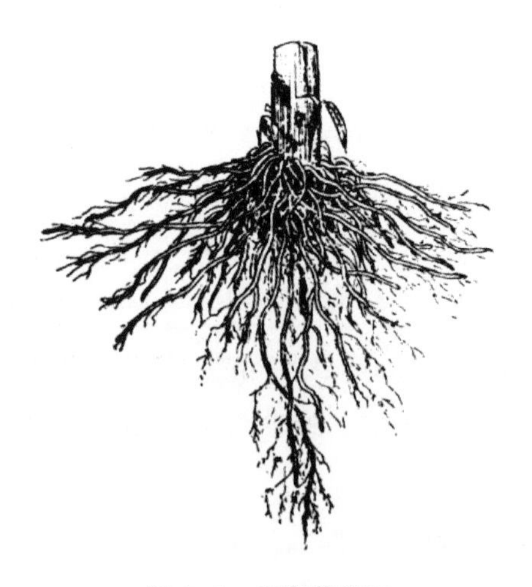

图 5-1　宝岛蕉根系

1. 根系特点

宝岛蕉的根系是宝岛蕉吸收利用养分、水分的主要器官，也是固定宝岛蕉植株，防止蕉体倒伏的器官。因此宝岛蕉根系的多少和深浅，对于宝岛蕉生长和产量具有关键作用。宝岛蕉没有主根，它的根系是由球茎抽生的细长肉质不定根组成，大部分根从球茎周围生出，称为平行根。少部分从球茎底部生出，向下生长，称为直生根。宝岛蕉的根系属须根系，没有主根，须根由球茎抽生而出，具有吸收肥水及固定植株的作用（图 5-1）。宝岛蕉根系分原生根（由球茎中心柱的表面以 4 条一组的形式抽出）、次生根（由原生根长出）、三级根（由次生根长出）及根毛。宝岛蕉根属肉质根，粗 5～8 毫米，白色，肉质，生长后期木栓化，浅褐色。根的数量取决于宝岛蕉蕉龄及健康状况，其变化是相当大的。健康的成年球茎可着生 200～300 条根，最多可达 500 条以上。

宝岛蕉根系有如下特点：①好气性。宝岛蕉根为肉质根，需要大量的氧气，土壤中氧气不足时会往上生长，严重时会烂根，故要求土壤疏松，不能渍水。②喜温性。根系的生长和吸收需一定的热量，冬季低温时不抽生新根，甚至根会被冻死。③喜湿性。宝岛蕉根系十分柔嫩，含水量极高，根毛的生长需要很大的湿度，湿度不足，根毛死亡或不生长，根系易木栓化，降低吸收功能。④巨型性。宝岛蕉虽然没有巨大的主根，但有吸收功能的三级根也较大，直径可达 1～4 毫米。⑤富集性。由于原生根不断从球茎抽生出来，致使根系密集在球茎附近 60～80 厘米范围内，极易造成这个范围内的营养枯竭及有害分泌物和微生物的积累。土壤瘦瘠的蕉园宿根蕉生长不如新植蕉。根的寿命取决于环境条件和蕉体养分等。

2. 根系分布

大多数根着生于球茎的上部，少数在基部下面。着生于上部的分布在土壤表层，形成水平根系，最长可达 5 米以外，多数在 15 厘米深处，少数可达 75 厘米深；着生于球茎下部的，几乎是垂直向下的，形成垂直根系，最深可达 1.4 米，随着球茎的不断向上生长，根的抽生位置也往上移，不断对球茎培土是促根抽生的前提。根系分布的深度与土壤的通气性和地下水位的高低及品种有关。土壤通气性好，土层深厚，地下水位低，根系分布就较深，植株高大，其根系也分布较深且广。在多年生蕉园，活性根（即具有较强吸收能力的根）主要集中在距蕉体30～60厘米的环带内。所以，在子株（吸芽）根区施用高浓度肥料时可将肥料施于距蕉体30厘米以外的半圆环形圈内。

（二）根系的生长发育

1. 生长发育规律

根系的抽生以抽蕾前最为旺盛，抽蕾后基本上不再抽生新根，但根在果实采收时仍具功能。根尖的生长力每月可达60厘米。原生根生出众多次生根，次生根上有许多根毛，负责水分和矿质营养的吸收，常称为吸收根，主要发生于原生根的末端部位，故施肥不要离蕉头太近。通常叶片抽生迅速时，根系的抽生也较旺盛。研究结果（图5-2）表明，在宝岛蕉整个生育期，根系生长速度不均匀。大田苗期到旺盛生长期，宝岛蕉根系生长缓慢，干重仅增长30.42克/株；旺盛生长期到花芽分化期，根系生长速度加快，干重增长57.97克/株；花芽分化期到幼果期后，宝岛蕉根系增长缓慢；在果实成熟期，为了促进果实的高产优质，此时维系根系量不减少，保障根系活力，满足根系吸收养分量与果实生长需求量。因此，宝岛蕉抽蕾后，应注重保护根系不受损伤，避免土壤耕作而伤害根系，避免高浓度肥料烧伤根系。

2. 宝岛蕉根系生长发育条件

宝岛蕉根系生长适宜的环境条件是：耕作层深厚，土壤通气性好，土温25～35℃，土壤持水量65%。蕉根不耐涝，不耐旱，不耐过高或过低温度，也不耐肥，故此，要使根系生长发育良好，必须创造一个良好的环境条件。宝岛蕉的根群较细嫩，对土壤的要求比较严格，应具备如下土壤条件。

（1）物理性状良好。物理性状良好的土壤，孔隙较多，利于空气和水分渗透。不论是冲积壤土、黏壤土、沙壤土或粉沙壤土，还是平地地带或是山坡地带，物理性状好的地块都适宜种植宝岛蕉。物理性状不良的土壤，由于缺乏团粒结构，往往雨后严重积水，旱时板结如石，对宝岛蕉浅生性肉质根群的生长极为不利。

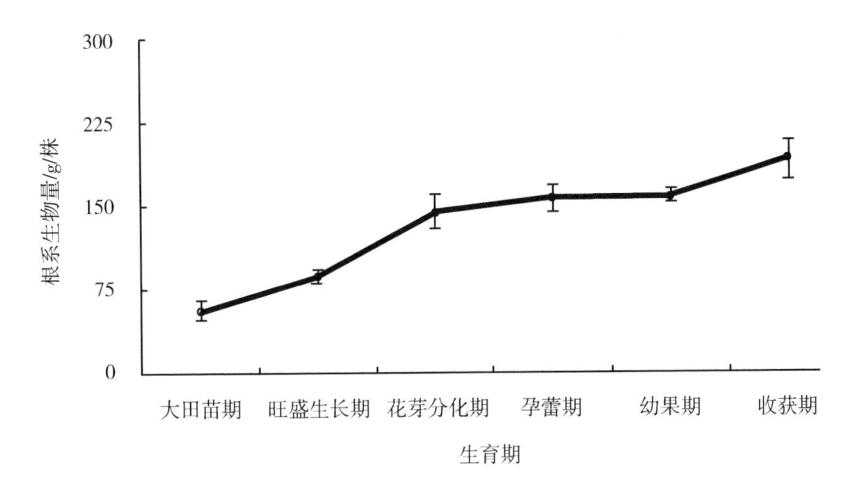

图 5-2 宝岛蕉根系生物量的动态变化规律

（2）地下水位较低。地下水位是平地蕉园增产的重要条件。地下水位太高，影响了土壤微生物的活动和土壤的通透性以及土壤的保肥能力，因而就直接影响根群的发育。一般在水网地区的蕉园，地下水位应低于 45 厘米以下。地下水位高的地区，如果遇到暴风雨袭击造成淹地，将引起叶子发育不良，产量降低，严重时可使根群窒死，整株死亡。

（3）土层深厚，土壤有机质丰富。土壤深厚与土壤的保肥、保水能力及透气性密切相关。深厚的土层促进根群良好发育，增强蕉株的抗逆能力。若土壤表层浅，宝岛蕉根群不能深长，蕉株生长瘦弱，容易受外界环境的影响。这种土必须经过施用大量垃圾肥和塘泥改造后才能种植。在坡地和高地种宝岛蕉，以向南、向东、向东南为好。向北、向西都不适宜，因为向西的蕉园受到烈日照射，土壤容易干燥，果实容易发生日焦病，而向北的蕉园则容易遭受北风侵袭的霜雪危害，对宝岛蕉生长不利。

（4）无影响根系生长的寄生性生物。根结线虫对根系的危害相当大，并使宝岛蕉容易受真菌和细菌的入侵。最常见的宝岛蕉根结线虫（穿孔线虫），会严重限制根系对养分的吸收。底下部根系生长受阻，有效吸收根少，部分根系形成肿瘤，根系腐烂。由于地下根系生长不良，导致植株矮化，叶片黄化，无光泽，抽蕾较困难，果实发育不正常，果实瘦小，产量低，品质差。

二、茎生长发育规律

宝岛蕉的茎是蕉体贮藏养分的器官和部位，同时也是支撑宝岛蕉果实的器官。粗壮、健康的茎秆有利于宝岛蕉植株支撑数十几千克的果实，并抵挡台风危害。宝岛蕉的茎由真茎和假茎组成，一般容易观测到的是假茎，由一层层叶鞘包裹形成的。真茎包括地下球茎和地上气生茎(花序茎)。

(一) 球　茎

球茎俗称蕉头，是着生根系、叶片和吸芽的地方，又是整个植株的养分贮藏中心，富含淀粉和矿质营养，供应根系、叶片、吸芽、花果发育。球茎的中央为中心柱，富含薄壁细胞及维管束，四周的皮层，上部着生叶鞘，下部着生根系及吸芽。吸芽与母株的维管束是相通的，可与母株进行营养、水分及激素的交流。球茎与假茎生长存在一定的相关性。球茎大，假茎球周就大，从球茎抽生的出来的根数也越多，产量就越高。球茎的上半部被叶鞘所环抱，平时不易看到。但是随着植株的不断生长，外围叶鞘逐渐枯萎脱离，球茎的上半部也逐渐露出地面，这种情况在宿根蕉园是比较普遍的。球茎的生长包括横向生长和纵向生长，一般横向和纵向均匀生长膨大，但如定植过深，土质粘重、渍水，纵向生长会大于横向生长，表现“露头”。球茎在植株营养中后期生长加速，花芽分化后期增至最粗，以后基本停止膨大。球茎在宝岛蕉收获期后几个月甚至1年以上才死亡，其养分可供吸芽生长，但会诱发病虫害及阻碍子代根系的生长，可用铲破成4块加速其腐烂，最后挖除填上新土。

气生茎：球茎顶部中央为生长点，开始仅抽生叶片，当地下茎的生长点上升到地面40厘米左右时，生长点就不再分化叶片而分化花序茎及苞片，花序茎不断伸长，由假茎中心向上伸出花蕾，并不断向上抽生。抽蕾后，撑着果穗，这就是气生茎，也就是含于假茎之中心的真茎。真茎上着生许多叶片，两叶片着生之间称为茎的节。球茎的节间很短。每节间含有一个腋芽，但能发育成吸芽的仅几个至十几个。组培苗因受高浓度外源激素干扰，会提早抽芽，数量也较多。研究结果（图5-3）表明，香蕉茎干重随着生育期的延长而呈现出“S”形的变化规律。大田苗期到花芽分化期，香蕉茎生长缓慢；花芽分化期到幼果期，茎生长速度加快，干重增长559.9克/株；在果实成熟期，茎干物质累积量速度减缓。

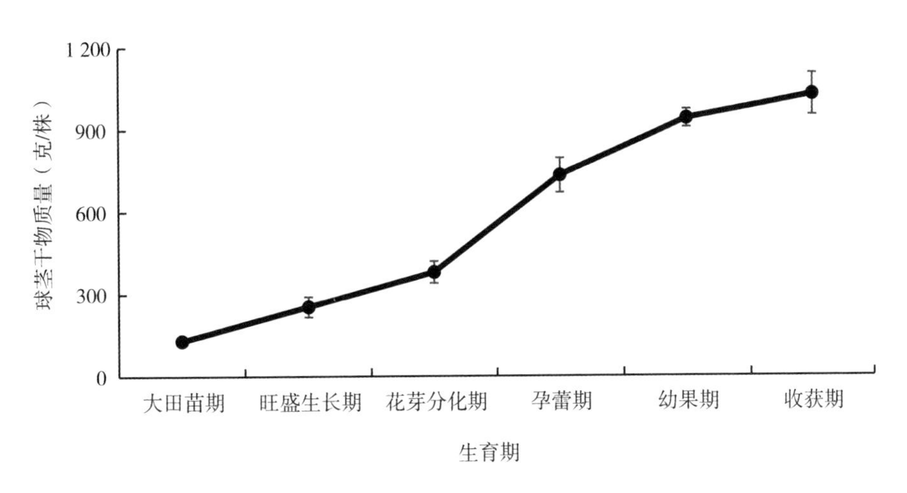

图5-3　宝岛蕉茎生物量的动态变化规律

（二）假　茎

宝岛蕉假茎的主要作用是运输养分和支持叶、花、果生长发育，并贮藏部分养分，特别是采后可以促进吸芽生长。假茎也称蕉身，是由叶鞘层层紧压围裹而形成粗大圆柱形的茎干，大小因种类及生长状况而异，色泽为黄绿色，宝岛蕉系（AAA组）带有黄褐斑。通常养分越充足黑斑越多。叶鞘两面光滑，内表皮纤维素大大加厚，外表皮木质化起保护作用。从假茎横切面可以看到叶鞘呈螺旋形排列。每片宝岛蕉新叶都是从假茎的中心长出，使老叶及叶鞘逐渐挤向外围，从而促使茎干不断增粗。当最后一张叶片抽生后，假茎的中心便抽出花轴。叶鞘内有薄壁组织和通气组织。维管束有发达的韧皮部带离生乳汁导管，多分布于靠近表层处，最外层的维管束也伴有厚壁组织，由于无木质化细胞。结果疏松，且因叶片大而招风，果穗沉重、假茎易倒伏或折断。抗风力也因种类而异，大蕉较粉蕉抗风，粉蕉比宝岛蕉抗风。栽培时 2 米以上高度的宝岛蕉一般需要用杉木支撑。

宝岛蕉假茎的高度，依气候、茬别、栽培条件等不同而异，正造蕉比春蕉高，宿根蕉比新植蕉高，肥水充足的比肥水差的高，土壤条件好的比差的高。正常条件下，宝岛蕉的茎高与茎粗的比（茎形比）在抽蕾时是相对稳定的。宝岛蕉假茎含有丰富的养分。据研究表明，假茎含有五氧化二磷和氯化钾比其他任何器官都多，含氮仅次于叶片。抽蕾后，假茎中的养分尤其是钾素可以转移到果实。在生产实践中，一般假茎粗大的宝岛蕉，其果实的产量也相对高。由此可见，培育健壮的假茎是宝岛蕉高产的基础，为此就有必要了解假茎的生产发育规律。宝岛蕉假茎在整个生育期呈现 S 形变化（图 5-4）。大田苗期到花芽分化期，宝岛蕉假茎生长缓慢，仅增加 394. 2 克/株；花芽分化期到幼果期，假茎生长速度加快，干重增长 1 436. 7克/株；在果实成熟期，假茎干物质累积量略有增加。果实生长发育期假茎生物量降低与假茎中营养物质供果实生长发育和供吸芽生长有关。

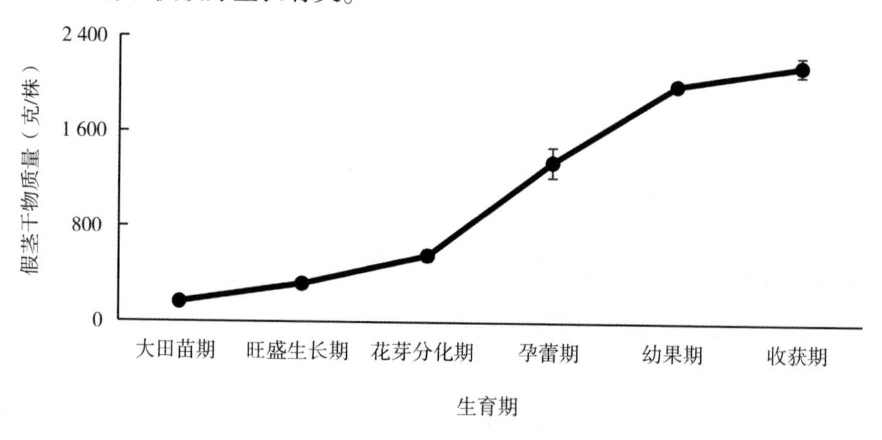

图 5-4　宝岛蕉假茎生物量的动态变化规律

三、叶生长发育规律

（一）叶的形状和数量

宝岛蕉为单子叶植物，蕉叶呈螺旋式互生，叶宽大，长椭圆形。当宝岛蕉新叶从假茎中心向上生长时，叶身左右半片互相旋包着，为椭圆状，当整张叶片抽出后，叶身开始自上而下展开。叶脉为羽状，中脉具有浅槽，可以引雨水下渗，以利于新叶和花序向上伸长，中脉两侧的叶片还具有随不同气候的变化而展开或叶缘下垂的机能，以便调节叶背气孔蒸腾量。

宝岛蕉吸芽苗在生长的初期，长出的叶片是没有叶身、只有鳞状狭小的鞘叶，随后又抽出狭窄的小剑叶。以后随着蕉株的生长，叶片逐渐增大，直到花芽分化开始，叶片达到最大为止。此后，叶片又逐渐缩小，当最后长出细短而钝的叶片时（终止叶），假茎中心部便抽出花序轴。组培苗有时无剑叶阶段。5～7 片叶龄时出现红褐斑，15 片叶龄左右时红褐斑消失，36 片叶左右时抽蕾。肥水充足、温度适宜时叶片抽生速度快（约 4 天一片），叶片大而厚，总的叶数少 2 片左右。宝岛蕉最大的叶片发生在倒数第四、五片，其次为第三、六片叶，最后 5 片叶占总叶面积的 30%，最后 12 片叶占总叶面积的 70%。

宝岛蕉叶片的功能是进行光合作用，把根系吸收的无机矿质营养和水分合成供蕉体生长发育的有机养分。叶片面积越大，光合能力越强，生长越快。叶片的大小除因叶龄不同而异外，也因品种不同而变化。蕉体越高，叶片越长面积越大。每片叶的面积在 1～3 平方米，约为长×宽的 75%。抽蕾前后的叶面积最大。高秆品种总叶面积可达 30 平方米以上，中秆品种总面积也可达 25 平方米，而矮秆品种叶片总面积为 15 平方米；而宝岛蕉属于中秆品种，宝岛蕉的叶面积指数为总叶面积除平均每株树的占用土地面积。因此，根据高产的宝岛蕉园计算出蕉园适合的叶面积指数为3～4.5。由此也可以作为确定种植密度的依据。对于宝岛蕉而言，新植蕉比宿蕉矮，叶面积较小，种植密度也可以较高。同样，土壤气候条件好的园地种植密度比较差的种植密度低。

（二）叶片长势与生育期

宝岛蕉蕉叶反映蕉体的生理状态。根据叶片的长势和长相，能较准确地判断出当年宝岛蕉的产量；特别是中后期的叶片生长发育情况，和宝岛蕉的产量、品质有极大的关系。据报道，香蕉植株有80%的光和作用在倒数第二至第五片叶中进行。在澳洲，新植蕉倒数第三至第五叶的总面积与果穗的果数密切相关（$r=0.92$），而宿根蕉第一造则与倒数第六至第九叶的总叶面积密切相关。宿根蕉第二造则与倒数第五至第七叶的总叶面积相关。换句话理解就是：宝岛蕉80%的产量决定于倒数第二至第五片叶子，也就是保住6片叶子就能够保住宝岛蕉80%的产量。但是新植香蕉和宿根蕉又不一样，同时第二代宿根蕉和第三代宿根蕉也不一样。例如宿根一代蕉的产量要9片叶子，第二代宿根则需要7片叶子，二者基本可以达到差不多的产量。

绿叶数多，叶面积大，叶色浓绿而有光泽，是优质丰产的标志。蕉体中下部叶片过早枯黄，绿叶数少，叶面积小，叶色淡绿而没有光泽，则是低产的长相。宝岛蕉进入花叶分化后，为保证果实正常生长发育、果实大小较一致、果实饱满、皮色美观，要求宝岛蕉抽蕾后蕉体上至少要有8～10片绿叶。如果宝岛蕉抽蕾后，植株上绿叶数较少，则会影响果实的正常生长发育，产量和品质下降，采收延迟。因此，在栽培管理上要保持蕉株有一定数量的绿叶，特别是在收获前保持有较多的绿叶数，是提高果实商品率和耐贮性的重要保证。

宝岛蕉植株一生抽生的叶片数变化较大，与蕉株的营养状况，以及环境气候条件和栽培措施等关系甚大。在相同栽培条件下，相同生育期叶子生长总数（宽度大于10厘米的叶片数）也有区别。栽种时，蕉株贮存养分较多，栽培过程各方面条件又较好时，则叶片较大，其抽生叶片数较少，一般为36片左右。如刚挂蕾挂果的母株受风害或冷害砍去后，所抽生的吸芽留株一般抽生 30～32 片叶即可抽蕾。相反，种苗弱小，试管苗种植的蕉株抽生的叶数较多，通常为 40～44 片，多的达 50 片。肥水不足，过密的蕉园，宝岛蕉抽生叶数也较多。故用叶数来确定宝岛蕉生长期，需参照其他因数。总体说来，目前宝岛蕉的叶片数基本在 36 片左右。宝岛蕉整个生育期抽生的叶片数基本是固定的，当叶片达到固有的叶片数时就不再抽生新的叶片而开始抽蕾。而宝岛蕉叶片的抽生速度和肥水管理具有直接的关系，肥水管理好，及保持香蕉不旱不涝，营养充足则香蕉叶片抽生速度快，相反则慢且叶片薄、没有光泽、较小，严重影响宝岛蕉产量和上市时间。因此通过肥水管理可以在很大程度上决定宝岛蕉是提早还是推迟上市。

（三）叶片的生长和生物量

宝岛蕉叶片的生长速度与温度、肥水和光照等有关，在亚热带条件下抽生速度较快。研究表明，香蕉叶片每月生长数与月均温呈极显著相关。台湾蕉、墨西哥 3 号、墨西哥 4 号、高种天宝蕉和天宝蕉的相关系数 r 分别为 0. 951 7、0. 958 9、0. 956 6、0. 907 2和 0. 864 8。5—8 月高温高湿，肥水充足的宝岛蕉每月可抽生 5～6 片叶，多的达 8 片叶，此阶段一定要保证充足肥水的供应，以加快宝岛蕉叶片的生长，提早开花结果，尤其是宝岛蕉栽培的北缘地区，只有这样才能避过低温危害。低温、干旱、伤根时，会抑制叶片的抽生。冬季的叶片抽生也很少。在澳洲，威廉斯品种在昼夜温度为 33℃ 和 26℃ 时，叶片生长最快，在 17℃ 和 10℃ 时产生冷害，达到 37℃ 和 30℃ 时产生热害。

宝岛蕉叶寿命一般为 71～281 天，寿命长短取决于环境条件和健康状况。春季叶的寿命比秋季长。但在有病菌危害、肥水不适、台风撕裂、温度不适宜、光照太少时，叶片的寿命也较短。要提高果实耐贮性和商品质量，就必须延长叶片寿命，保证收获时有较多的青叶数。高产的宝岛蕉蕉园抽蕾时青叶数要有 13 片以上，通过增施钾肥，防止叶斑病，最后收获时仍有 8～10 片叶。研究结果（图 5-5）表明，宝岛蕉叶在整个生育期呈现“S”型变化。大田苗期到花芽分化期，宝岛蕉叶生长缓慢，仅增加 515.7 克/株；花芽分化期到幼果期，叶生长速度加快，干重增长 2 143.0克/株；在果实成熟期，叶干物质累积量略有降低。这可能主要原因在于叶片中的营养物质在整个果实生长发育过程中不断地向果实转移，使后期叶片中的干物质含量递减。另外，宝岛蕉前期的叶片枯黄老化脱落，不易收集也造成收获时叶片生物量急剧下降。

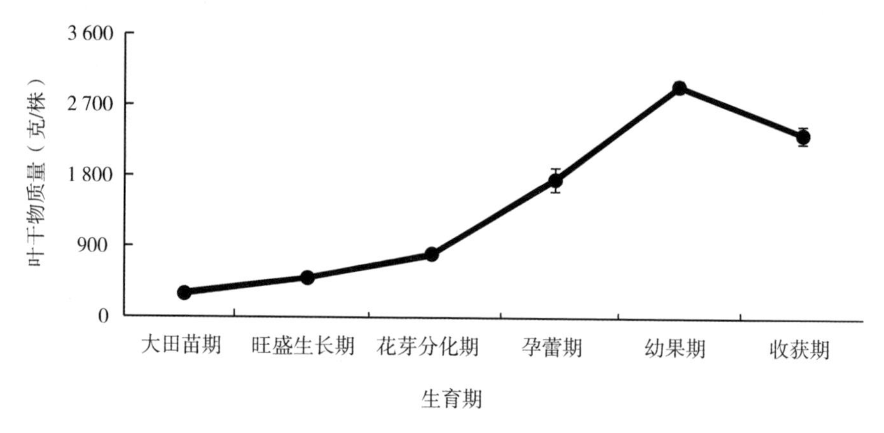

图 5-5　宝岛蕉假叶生物量的动态变化规律

四、花和果实生长发育规律

（一）花

宝岛蕉植株由吸芽或幼苗开始营养生长到一定的阶段，就进行花芽分化，其顶端生长点转变成花芽。开始时，花芽的位置位于球茎上面 20～25 厘米处。花芽分化过程中，花序的生长很少，整个花芽才 1～2.5 厘米长。在形态分化过程中，先是见到果梳，后在果梳上见到单果，果穗的梳数和果数在抽蕾前已经形成。宝岛蕉完成花芽分化和花蕾发育后，着生花蕾的花轴由球茎向上伸到假茎的顶端（称现蕾）；花蕾向下弯后花苞逐片展开而至脱落（称开花）；雌花开完后将其前端切断（称断蕾）。宝岛蕉从现蕾到断蕾的时间因季节不同而异，夏季 15 天左右，冬季 22 天左右。

宝岛蕉的花蕾由假茎基本中央向上抽出后再朝植株倾斜的方向向下弯，然后打开花苞开花。宝岛蕉花序为穗状花序，顶生，花序轴下垂，花序基部是雌花（子房占花长度的2/3，具退化雄蕊5枚），中部是中性花（子房占花长度的1/2，雄蕊不发达），顶端是雄花（子房占花长度的1/3，雄蕊发达，但花粉多退化）。花属完全花，由萼片、花苞、雄蕊（花药、花丝）、雌蕊（子房、花柱、柱头）、花托组成。各种花开放的次序是：先开雌花，接着开中性花，最后开雄花。在3种花型中，只有雌花能结成果实，中性花、雄花均不能结果，故要及早切除，以免消耗养分。雌花在花序基部分级作螺旋排列，每花序有10～12梳雌花，宝岛蕉蕉株健壮可多达成15～16梳雌花。每梳有10～30小朵花，由二列并排组成。宝岛蕉的花序是无限花序，只要蕉株健壮，营养充足，在花芽分化时，可以分化出梳数多的雌花。

（二）果 实

宝岛蕉的果实是由花序（果穗）基部的雌花子房发育而成，绝大多数的食用蕉不需授粉就能结实，称为单性结实，故在正常的情况下果实没有种子。如果附近有野生蕉时，才可能有种子。花序抽出时由于植物激素的作用，整个花序下垂呈向地性生长。当花序的苞片展开后，花被及柱头脱落时，子房开始逐渐转向，变为背地性生长，一般而言，花序（果穗）的向地生长好，果实的背地性生长就好，那么穗形、梳形就好。

宝岛蕉的果实也称为果指，为浆果，长圆形，直或微弯，果柄短，未成熟时果皮呈青绿色，催熟后为黄色；果实未熟时硬实，富含淀粉，催熟后肉质软滑香甜。宝岛蕉每株只抽1穗果，每穗有10～16梳，每梳有10～30只果指，每果指重型50～200克，长6～25厘米。果实发育期的长短，因肥水和外界环境而异，在高温多湿的夏秋季，果实生长迅速，发育均匀，果形正，一般断蕾后3个月可采收；在低落温干旱的冬春季节，果实发育缓慢，果实细小，果形不正，断蕾后需5～6个月才能采收，产量也较夏秋季低。

以反季节宝岛蕉为例，介绍宝岛蕉果实发育规律。由图5-6可知，果穗果指数在143.7～151.3，平均为149.3。同时，就宝岛蕉5次采收的每梳果指数而言，每梳果指数均呈现逐渐减少的趋势，其中第1梳果指数最高，平均为26.3个；第2梳果果指数次之，平均为20.8个；第3梳果指数明显高于第5梳、第6梳、第7梳和第8梳，且后3梳之间无显著差异，分别为16.6、15.8、15.9个果实。就果指数组成而言，前4梳果指数占据总果指数的56.06%，后4梳果指梳占43.94%，由此可知，宝岛蕉果指数以前4梳居多，后4梳果指数偏少。

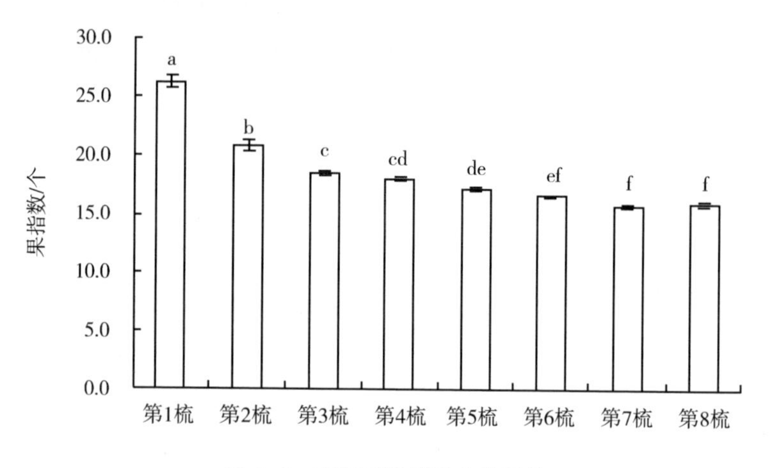

图5-6　宝岛蕉果指数变化规律

由表5-1可知，随着断蕾后时间的延长，宝岛蕉果指长逐渐增长，从断蕾到收获时，每梳果指长增加9.2～12.4厘米，增幅为72.51%～77.94%。就采收时间而言，断蕾后20天内果指长增长较快，平均增幅为34.22%。统计每梳的果指长，结果表明宝岛蕉果指长从第1梳到第8梳逐渐变小，各梳间有较大差异，且这种差异随着果实生长时间有所变化。

表5-1　宝岛蕉果实生长期各梳的果指长　（单位：厘米）

果梳位置	采收时间				
	断蕾时	断蕾后20天	断蕾后40天	断蕾后60天	收获时
第1梳	17.1±0.4 a	22.1±0.2 a	24.7±0.4 a	27.8±0.7 a	29.5±0.5 a

（续表）

果梳位置	采收时间				
	断蕾时	断蕾后 20 天	断蕾后 40 天	断蕾后 60 天	收获时
第 2 梳	16. 9±0. 4 ab	22. 1±0. 0 a	24. 5±0. 3 a	27. 2±0. 6 a	29. 3±0. 5 ab
第 3 梳	16. 0±0. 4 bc	21. 3±0. 3 b	23. 9±0. 3 a	26. 2±0. 6 ab	28. 2±0. 5 b
第 4 梳	15. 2±0. 3 cd	20. 2±0. 1 c	22. 7±0. 3 b	25. 0±0. 4 bc	26. 7±0. 4 c
第 5 梳	14. 4±0. 3 de	19. 4±0. 3 d	22. 0±0. 3 b	24. 1±0. 2 c	25. 0±0. 2 d
第 6 梳	13. 6±0. 4 ef	18. 8±0. 2 de	21. 0±0. 3 c	22. 6±0. 2 d	24. 2±0. 3 de
第 7 梳	13. 3±0. 3 ef	18. 4±0. 2 e	20. 5±0. 3 cd	22. 4±0. 4 d	23. 4±0. 4 e
第 8 梳	12. 9±0. 2 g	17. 6±0. 2 f	19. 8±0. 1 d	21. 4±0. 4 d	22. 1±0. 4 f

注：同一列数据后小写字母表示同一采收时间宝岛蕉不同果指长的差异显著性（$P<0.05$），多重比较采用 Duncan 新复极差法；下同。

由表 5-2 可知，随着断蕾后时间的延长，宝岛蕉果指围持续增大，从断蕾到收获时，每梳果指长增加 4. 5～5. 1 厘米，增幅为 56. 10%～62. 20%。就采收时间而言，断蕾后 20～40 天内果指围增长较快，平均增幅为 18. 28%；40 天后随着断蕾时间的延长，果指围增幅有所减缓，而断蕾后 60 天至收获时均增幅最小，仅为 3. 28%。同时由表 5-2 可知，随着果实的生长，宝岛蕉果指围持续增大，并且同一时期各梳果指围间差异甚微。

表 5-2　宝岛蕉果实生长期各梳的果指围　　（单位：厘米）

果梳位置	采收时间				
	断蕾时	断蕾后 20 大	断蕾后 40 天	断蕾后 60 天	收获时
第 1 梳	8. 2±0. 1 ab	9. 5±0. 1 a	11. 3±0. 1 a	12. 8±0. 2 ab	13. 2±0. 1 ab
第 2 梳	8. 3±0. 1 ab	9. 6±0. 1 a	11. 3±0. 1 a	13. 0±0. 2 a	13. 4±0. 2 a
第 3 梳	8. 2±0. 1 ab	9. 7±0. 1 a	11. 4±0. 1 a	12. 9±0. 2 a	13. 3±0. 1 a
第 4 梳	8. 2±0. 1 ab	9. 6±0. 1 a	11. 4±0. 1 a	12. 7±0. 3 ab	13. 2±0. 2 ab
第 5 梳	8. 3±0. 1 a	9. 6±0. 1 a	11. 3±0. 1 a	12. 8±0. 3 ab	13. 1±0. 1 ab
第 6 梳	8. 2±0. 1 ab	9. 5±0. 1 a	11. 0±0. 4 a	12. 4±0. 2 ab	12. 8±0. 1 bc

（续表）

果梳位置	采收时间				
	断蕾时	断蕾后 20 天	断蕾后 40 天	断蕾后 60 天	收获时
第 7 梳	8. 0±0. 1 bc	9. 4±0. 1 a	11. 2±0. 1 a	12. 1±0. 2 b	12. 7±0. 2 cd
第 8 梳	7. 9±0. 1 c	9. 2±0. 1 b	11. 1±0. 1 a	12. 1±0. 2 b	12. 4±0. 1 d

就宝岛蕉单果重的增加规律（表 5-3）而言，随着生长期的推进，宝岛蕉单果重不断增加，从断蕾至收获时，每梳果指重增加 45. 87～79. 57 克，增幅为 136. 60%～175. 04%。呈现“S”型曲线，即在断蕾至断蕾后 20 天，果指重较小，增幅也较低；从断蕾后 20～40 天单果重成倍增加，从 37. 96～52. 20 克，增加到 77. 11～106. 12 克，增幅达 103. 13%～135. 46%，平均增幅 106. 54%；从断蕾 40 天至收获时宝岛蕉增加缓慢，增幅达 5. 16%～23. 14%，平均增幅仅为 12. 82%。然而，同一采收时间宝岛蕉自第 1 梳至第 8 梳单果重逐渐变小，果梳间单果重之间差异随着果实生长时间有所变化。

表 5-3　宝岛蕉果实单果重的增加规律　　（单位：克/果）

果梳位置	采收时间				
	断蕾时	断蕾后 20 天	断蕾后 40 天	断蕾后 60 天	收获时
第 1 梳	48. 75±1. 38 a	48. 51±1. 44 bc	104. 21±3. 13 a	112. 96±4. 63 ab	128. 32±3. 54 a
第 2 梳	47. 46±1. 95 a	52. 20±1. 88 a	106. 12±3. 00 a	114. 49±2. 14 a	120. 56±3. 97 ab
第 3 梳	44. 51±1. 81 ab	50. 20±1. 06 ab	105. 46±3. 42 a	114. 70±3. 92 a	122. 42±4. 23 ab
第 4 梳	42. 66±1. 54 bc	47. 09±0. 83 bc	101. 65±3. 19 a	110. 88±2. 53 ab	115. 30±5. 17 b
第 5 梳	41. 37±1. 67 bc	45. 12±0. 97 cd	93. 08±2. 56 b	105. 68±2. 43 b	103. 81±3. 31 c
第 6 梳	38. 24±1. 47 cd	43. 38±1. 05 de	87. 26±2. 73 bc	92. 66±0. 028 c	98. 82±2. 92 c
第 7 梳	35. 67±1. 29 d	40. 19±0. 56 ef	81. 10±3. 23 cd	82. 16±1. 70 d	86. 28±2. 89 d
第 8 梳	33. 58±1. 16 d	37. 96±0. 76 f	75. 55±2. 49 d	77. 11±0. 79 d	79. 45±2. 16 d

由图 5-7 可知，反季节宝岛蕉产量为 18. 491 千克/株，其中果实重

量为 16.376 千克/株，果轴重量为 2.115 千克/株，分别占产量的 88.54%和 11.46%。进一步分析香蕉果实组成可知，宝岛蕉果梳产量从第 1 梳到第 8 梳呈现降低趋势，其中第 1 梳香蕉产量最高，第 2 梳次之，均显著高于其他果梳，分别高达 3.371 千克/梳和 2.521 千克/梳；而第 3 梳和第 4 梳、第 5 梳和第 6 梳、第 7 梳和第 8 梳间均无显著差异。另外统计前后 4 梳宝岛蕉的果实产量可知，前 4 梳产量占单株果实产量的 62.40%，后 4 梳仅为单株果实产量的 37.60%，由此可知，反季节宝岛蕉果实产量主要以前 4 梳为主。

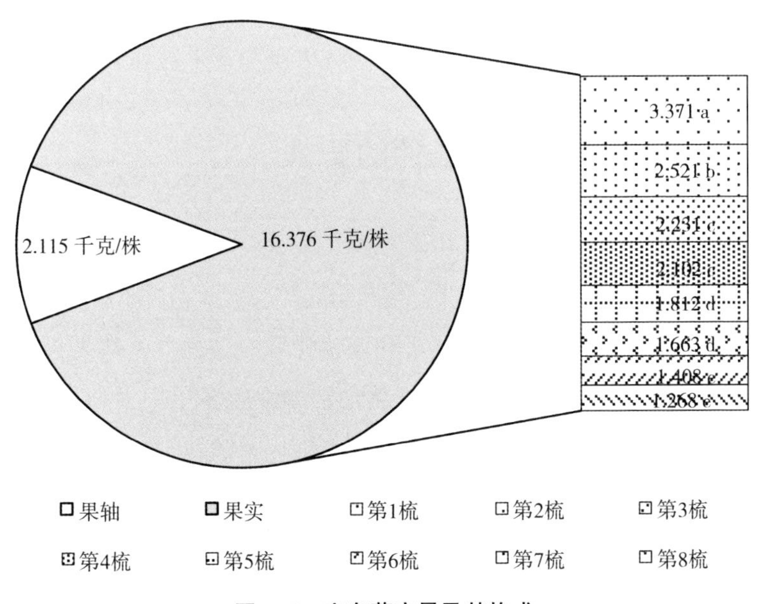

图 5-7　宝岛蕉产量及其构成

第六章　宝岛蕉高效栽培技术

香蕉是热带、亚热带水果。要实现宝岛蕉生产的优质高产高效益，在了解其生长发育规律的基础，还必须了解宝岛蕉的生长习性即对环境条件的要求，做好蕉园选择，适时种植，合理密植，搞好肥水管理，适时除芽留芽，科学断蕾和套袋，搞好树体管理和花果护理等工作。

一、宝岛蕉对环境条件的要求

（一）温　度

与巴西相同，宝岛蕉适于热带和亚热带气候条件，是热带果树中较能经受较低温度的一种，由于宝岛蕉是常绿性的多年生大型草本植物，整个生长发育期都要求高温多湿。宝岛蕉生长温度为15.5～35℃，最适宜为24～32℃。在生长期间如长期超过24℃则生长期缩短和易获高产，绝对最高温度不宜超过40.5℃。当温度降至12℃时，嫩叶、嫩果、老熟果会出现轻微冷害，表现为刚展开的嫩叶靠近叶缘出现零星的白斑、长椭圆形，病健部分交界极明显；5℃时，蕉叶便出现冻害现象，表现为老熟叶中脉和近中脉叶面出现大量近圆形、下陷的小圆斑；2.5℃时，不论吸芽、成株或挂果树叶片全部冻死失绿，果实冻死变黑。低温持续越长，受害越严重，当气温降至0℃时，则植株地上部冻死，整片蕉园受损，造成重大损失。不同器官对冷害的反应也不同，其敏感程度从强到弱为花蕾、嫩叶嫩果、果实、叶片、假茎、根、球茎，幼嫩和老化的器官均容易发生冷害。各器官生长的临界温度是叶片10～12℃，果实13℃，根13～15℃，低于以上临界温度即停止生长甚至出现冷害。

（二）水　分

宝岛蕉是大型草本植物，水分含量高，假茎含水 82.6%，叶柄含水 91.2%，果实含水 79.9%，叶面积大，蒸腾量大，因此对水分要求高。每形成 1 克物质大约要消耗水分 500～800 克。宝岛蕉的需水量与叶面积、光照、温度、湿度及风速有关。强光、高温、低湿、风速大植株需水量大。在夏季，矮蕉每株晴天也要 9.5 升。以每亩 167 株计，每个月要耗水 1 875吨，相当于 187.5 毫米降水量。如降雨量不足就须通过灌溉作补充。夏季 10 天左右无降雨就需要适当的灌溉。

水分不足，宝岛蕉生长受影响。水分缺水轻则叶片下垂呈凋萎状，气孔关闭，光合作用暂停。水分缺水严重则会使叶片枯黄凋萎，停止抽叶。新植试管苗对缺水最敏感。抽蕾期也是需水的临界期，此时水分供应不足会影响果轴抽生。长期干旱会影响宝岛蕉产量、质量及生育期。相反，当雨季水分过多时，根系因缺氧无法呼吸就会烂死，宝岛蕉如果水浸 72～144 小时，蕉先是叶片边黄，然而凋萎，植株死亡。据研究，适合宝岛蕉的田间持水量是 60%～80%。可以通过灌溉和田间地表覆盖及起畦调节土壤的湿度，以利于根系生长。空气湿度对宝岛蕉生长也有明显影响。密封的大棚空气湿度较高，小苗每月抽生的叶片要比不密封的大棚多 2～3 片，大田宝岛蕉植株在高湿的季节要比低湿季节生长快 50%左右。合理的密植可以提高空气相对湿度，利于植株生长。

（三）光　照

宝岛蕉属喜光植物，整个生育期需要充足的光照。在光照充足和高温高湿条件下，蕉果发育整齐，成熟快。若蕉园过密，或被林木遮蔽以及阴雨期长而造成光照不足，蕉株开花结果推迟，易发生叶斑病，导致果少而低产。但宝岛蕉具有层生性，阳光过于强烈也不利于生长发育，宝岛蕉单株种植并不比园地群体种植好。说明宝岛蕉似乎不需要太强光照，反而适当密植，光照适当减弱对生长有利。

在夏秋高温季节，强光直射的蕉果易发生日灼，尤以土壤干旱情况下更易发生。因此，蕉园应适当密植，使相邻植株彼此有一定的遮荫，以利于促进生长结果和提高单位面积产量。合理密植可以减少强光对叶片、果实和根系的灼伤，调节地温及空气湿度，提高单位面积产量，提早成熟。就光照而言，海南岛和雷州半岛及沿海地区的太阳辐射强度大，栽培密度应较珠江三角洲地区大。

（四）土　壤

宝岛蕉对土壤条件的要求不严格，不论平原及山地，在多种类型的土壤都能生长。但不同的土壤条件下的产量也有很大差异。宝岛蕉根群细嫩，对土壤的要求比较严格，在含黏土、板结、不透气和缺乏养料的土壤条件下，一般以土层深厚、排水良好、富含有机质的沙质壤土为好。而无团粒结构的重黏土（含黏粒40%以上）或细沙等都不利于根系的发育，这些土壤容易积水、板结、不透气和缺乏养分。实践证明，即使是肥水供应十分充足，也难以促进宝岛蕉正常生长。土壤的酸碱度由pH值4.5～7.5都适宜，以pH值6.0以上为最适。在pH值5.5以下时，土壤中镰刀菌繁殖迅速，在宝岛蕉类凋萎严重地区，容易侵害根系而发育。咸田、积水田、冷水田均不适宜种植宝岛蕉。我国及世界各地高产蕉园的经验说明，高产蕉园的土壤应具备如下条件。

1. 物理性状良好

物理性状良好的土壤，孔隙较多，利于空气和水分渗透。不论是冲积壤土、黏壤土、沙壤土或粉沙壤土，也不论是平原地带或是山坡地带，物理性状好的地块都适宜种植宝岛蕉。物理性状不良的土壤，由于缺乏团粒结构，往往雨后严重积水，旱时板结如石，对宝岛蕉浅生性肉质根群的生长极为不利。这种土壤，宝岛蕉即使能生长，产量也不高。

2. 地下水位较低

地下水位是平原蕉园增产的重要条件。地下水位太高，影响了土壤微生物的活动和土壤的通透性以及土壤的保肥能力，因而就直接影响根群发育。一般在水网地区的蕉园，地下水位应低于45厘米以下。地下水位高的地区，如果遇到暴风雨袭击造成淹地，将引起叶子发育不良，产量降低，严重时可使根群窒死，整株死亡。

3. 土层深厚，土壤有机质丰富

土壤深厚与土壤的保肥、保水能力及透气性密切相关。深厚的土层促进根群良好发育，增强蕉株的抗逆能力。若土壤表层浅，挖下去 30 多厘米就有铁锈水流出来，宝岛蕉根群不能深长，蕉株生长瘦弱，容易受外界环境的影响。这种土必须经过施用大量垃圾肥和塘泥改造后才能种植。

4. 适宜的地势和方向

在平原地建立商品生产基地有利于运输、灌溉，但我国香蕉大部分是种植在地上。在坡地种植宝岛蕉以南向、东向及东南向为最好。向西、向北都不适宜。向西的受烈日照射，土壤易干燥，果实易发生日焦病；向北的易受寒风吹袭和霜冻危害，最好选择靠近河流地带，这样可减少霜冻程度，受冻后也易于恢复生长。

5. 土壤养分含量高，盐基离子平衡好

土壤养分含量高，可节省肥料成本。良好蕉园土壤氧化钙、氧化镁、氧化钾的比例为 10∶5∶0.5 为佳。在沿海蕉园盐性土壤中，交换性钠含量超过 300～500 毫克/千克时，不适宜栽培香蕉。

（五）风

宝岛蕉为大型草本果树，叶大、根浅、假茎高大肉质疏松，尤其是蕉株进入结果后，顶端果穗更重，故被人们形容为：“头重、脚轻、根底浅”，说明宝岛蕉抗风能力不强，极易被风吹折、吹倒，或折断果穗和叶柄。不同风力其影响程度也不同。微风能调节气温促进气体交流，对宝岛蕉的生长发育很有好处，但当风速每秒 20 米时，可使宝岛蕉叶片撕裂，叶柄折断，影响光合作用。更大的风会摇动蕉株，损伤根群，使蕉株生长缓慢；花芽分化期间如果蕉株摇动过大，就会影响宝岛蕉的正常发育而导致减产。强风危害更大，可把整株吹倒或连根拔起，或折断蕉身；抽蕾结果后遇强风，由于蕉株顶部（茎冠）的重量增加，更容易被风吹折。我国每年 5—10 月是台风发生季节，华南蕉区常遭受台风袭击，造成很大的损失。所以在华南沿海地区建立宝岛蕉生产基地，应注意营造防风林带，选择有天然避风的地方建园。

（六）综合气候条件

综合气候条件可以影响到花期的长短、果实的大小、形状、颜色、饱满度、产量、品质，以及收获期和耐贮性。宝岛蕉的开花期，由于季节的变化，从断蕾到收获也有很大的差异。在低温干旱的条件下，抽蕾到断蕾需要30多天，甚至更长些，断蕾到收获需经过130～145天。而在高温多雨季节，抽蕾到断蕾则需要10天左右，断蕾到收获需经过50～70天。气候条件对果实的发育影响较大。果实的发育随着季节的变化，果实的发育速度及形状也有明显的差异。

二、蕉园的建立

（一）选地要点

宝岛蕉原产于热带地区，具有生长周期短、生长迅速、周年均可开花结果的特点。在整个宝岛蕉生长发育过程中，其喜高温，忌低温霜冻和风害；喜湿润而不耐干旱、忌积水。宝岛蕉根系为肉质根，好气且水平根分布在15厘米厚的表土层；蕉叶面积大，蒸腾量也大，对水分要求多。生产上为了确保宝岛蕉丰产、稳产、优质、高效，蕉园选址时应注意以下几点。

1. 选择良好的土壤环境

宝岛蕉种植园地要求土壤为土层深厚、结构疏松、有机质含量丰富、自然肥力高的沙壤土或冲积壤土。蕉园地下水位较低（最少低于50厘米，最好为1米以下），土壤不含有毒物质，其pH值在5.5～6.5，淡水资源充足，且排水性能良好，排灌方便。

2. 园地小气候适宜

宝岛蕉蕉园多数分布在亚热带地区，每年冬季尤其是抽蕾时常遭受不同程度的低温影响。因此，蕉园应选择空气流通、阳光充足、地势较开阔、无霜冻或轻微霜冻的低海拔地区建立蕉园。

3. 有天然防风屏障

亚热带、热带地区建立蕉园，应根据当地风害程度，因地制宜地选择有防风屏障的地区建园。一般来说，沿海强风地区部适于种植宝岛蕉。在没有天然防风屏障的地区建立蕉园，宜营造防风林带，以减轻风害。

4. 蕉园地势及坡度适合

宝岛蕉山地蕉园要选坡度在30°以下为宜，一是为了方便种植和管理；二是有利于蕉园的水土保持。同时宝岛蕉山上种植虽说选择适宜选坡度小的种植，但不是说大于30°的坡地不能种，如果土壤、水源条件很好，也可以利用开窄梯或鱼鳞坑方式种植，但宝岛蕉管理工作不方便。坡向一般选择南坡和东南坡向，不宜选择选择西坡、西北坡和北坡向，因为南坡全年阳光普照，不易受平流冻害，且背西向东，可避免夏秋季午后日照强烈（即西斜热），使土温攀高、土壤水分大量蒸发，避免宝岛蕉易受旱而伤根。

5. 远离或避免病虫源

蕉园不宜建立在病虫害严重的老蕉园附近。宝岛蕉病虫害种类较多，特别是束顶病、巴拿巴枯萎病和根线虫病等危险性病虫害，对宝岛蕉生产危险很大。为防止上述病虫害的发生，蕉园选址除了移栽苗壮的无病毒宝岛蕉苗为主，宜选择远离病虫害源，即远离老蕉园以及茄子、辣椒、瓜类等作物。

（二）蕉园规划

蕉园选址完成后，须进行蕉园设计规划，内容包括道路系统、排灌系统、生产和生活房屋设施布局、防护林等。由于蕉园选择地点不同，又可以分为平地蕉园和山地蕉园，且两者蕉园规划存在一定的不同。

1. 平地（包括围田区和水田区）蕉园

平地一般多靠近河流、江边及池塘的低田区。通常为冲积土地下水位高，土地较肥沃、土质偏黏，土壤易渍水，蕉园也易受涝害。因此在这种类型的土壤建立蕉园，首先要考虑降低地下水位、逐年培土的问题。为确保宝岛蕉种植后正常生长，宜选择地下水位较低、土壤肥沃、土质疏松透气、有机质含量高的园地建园。

蕉园地址选好后，应对园地进行排灌系统和道路系的规划。在宝岛蕉生产过程中，运输量大，为了便于运输应设置与外界路相通的道路系统。小型果园（45～105 亩）应规划可通过拖拉机的主干道和若干支道；大型果园（105 亩以上）应建有可通大卡车的主干道和环园路，并根据地块的划分设置支道，按 45～105 亩设置小区。在设置好道路系统的基础上，一般是根据蕉园的规模及地势，把蕉园分成若干个小区，小区以 10～20 亩为宜。小区周围设置道路及排灌系统。在地下水位较高的地区建园，为便于排水和降低地下水位，宜采用三级排灌系统，即总排灌沟、中排灌沟和小排灌沟。

总排灌沟设置在蕉园的四周，蕉园区与区之间设置中排灌沟，畦与畦之间设置小排灌沟，各级排灌沟要相互连通。这样，遇上雨水季节畦面上的雨水就能顺着小排灌沟、中排灌沟流入总排灌沟而排出园外。各级排灌沟的深浅和宽窄，可视蕉园的规模、地势以及地下水位的高低灵活设置。总的原则是，排灌沟的深度，一般总排灌沟要浅于蕉园外的河流，中排灌沟要浅于总排灌沟，小排灌沟要浅于中排灌沟。排灌沟的宽度通常是，中排灌沟窄于总排灌沟，小排灌沟窄于中排灌沟。总之，排灌沟的设置以达到自由排水和控制地下水为宜。

另外，蕉园规划还应根据蕉园的形状和道路系统、水源等规划职工住房、看守房、采后处理车间、物质仓库、抽水房等生活和生产设施。由于宝岛蕉的弱抗风性，在常风较大的地区建园应营造防护林，以改善园地环境条件，减少因风大而撕裂宝岛蕉叶片，利于宝岛蕉生产。小型蕉园一般在园的周围营造防护林，而大蕉园除在园的周围营造防护林外，应根据风向充分利用道路两侧设置若干林段，防护林可选用小叶桉等速生乔木树种，种植株距为 1 米×2 米。

2. 丘陵山坡地蕉园

这种类型的蕉园，多数为红壤土，土壤比较瘠薄，有机质含量较低，偏酸性，水源较缺乏，土、肥极易被雨水冲刷流失，特别是在倾斜度较大的丘陵山坡上开垦蕉园，水土流失更严重。因此，在建园时必须考虑蕉园的水土保持工程、土壤改良和水源等问题。为了宝岛蕉种植后能生长良好，获得优质丰产，宜选择土层深厚、土壤自然肥力高，有机质含量丰富，水源蓄涵较多的丘陵山坡地建园。

在丘陵山坡地建园时，应对蕉园进行全面规划。除了营造山顶水源林及修筑道路外，还应根据地形和年降水量设置排灌系统，搞好蓄水引水工程。把种植行修整成水平的或稍向内倾斜的梯田，在梯田内侧挖一条水平的蓄水式排水沟，并与蕉园的直向排水沟连通。这样，可以防止水土冲刷流失，利于涵蓄水源，使更多的水渗入土层深处，达到保水保肥的目的。

（三）蕉园整地

宝岛蕉根系是肉质须根系，忌在黏重板结的土壤上种植，因此在进行宝岛蕉挖穴前蕉园要充分犁耙（犁地深30厘米，二犁一耙），使表层土疏松细碎，并捡清茅草、硬骨草、香附子等恶草和树根等。一般根据蕉园所处的地位不通过，整地略有所不同。

1. 水田整地

一般水田蕉园地势较低，地下水位较高，土壤易积水，宝岛蕉易受涝害。因此，水田蕉园宜采用高畦深沟、双行种植的栽培方式，以降低地下水位，利于宝岛蕉正常生长与发育。按园地的长边设置总排水沟，按畦面宽3.5～4米起畦，畦沟面宽0.8～1米。深0.8～1米。地下水位降至50厘米。

2. 旱田蕉园

旱田蕉园指的是坡地梯田蕉园，其地下水位低，排灌方便，但多数土层薄，土壤贫瘠。整地时要深耕（犁地深40厘米）土壤后起浅畦，通常采用单行种植，起畦后沟深沟宽各30厘米，并设置两级排水沟，以便于雨天排水。

3. 旱地蕉园

旱地蕉园指的是不能自流灌溉的丘陵坡地蕉园，一般靠抽水或提水灌溉。整地时要注意搞好水土保持和蓄水、引提水工程，主要改良土壤。整理时，还要注意深翻土壤，并挖 0.6～1 米的深沟，施入腐熟农家肥和石灰等基肥。坡度较大的蕉园可使种植行低陷。即采用浅沟种植的方式，浅沟面宽 80 厘米，深 10～15 厘米，有条件的应修筑水平梯田。坡地沙壤土可暂不起畦，定植后再起畦，轻壤土可起单行种植浅畦。山地蕉园可采用沟种，利于水土保持。

三、种植技术

（一）种苗选择

种苗的选择是宝岛蕉生产的重要环节，种苗的好坏直接影响到宝岛蕉的产量和品质。宝岛蕉种苗质量不同，其成活率及定植后收获时间也有所不同。因此，在进行宝岛蕉种植时，应选择适宜的种苗。目前生产上常用的种苗有两种，一种是传统的吸芽苗，一种是现代生物技术生产的组织培养苗。传统的吸芽苗是从宝岛蕉地下球茎上抽出，生长成各类吸芽苗的总称。组织培养苗在我国（不包括台湾、香港、澳门）已形成工厂商品性生产。其优点是能大量繁殖无病优质种苗，蕉苗运输方便，品种纯度高，大田种植成活率较传统吸芽苗高，蕉苗种植后速生快长，生长较一致，收获期较传统吸芽苗集中，是目前宝岛蕉生产选用最多的种苗。

为确保宝岛蕉苗的纯度和质量，在选苗过程应注意相关事项。①在优质丰产的母株上选苗。②禁止在有危险性病虫害的蕉园取蕉苗。③入选的吸芽苗球茎要大，尾端要小，似竹笋，生长健壮，伤口小，无病毒害，无机械伤。④组织培养苗宜选择无病壮苗，叶色浓绿，有 8 片叶龄以上，大小较一致的无变异蕉苗。宝岛蕉组培苗变异类型及其识别见表

6-1。

表 6-1　宝岛蕉组培苗变异类型及其识别

变异类型	失绿型（叶绿素缺损）	长叶型	皱缩型	矮缩型
苗期特征	苗 4～5 叶期开始出现，延至大田苗期。叶片上出现与侧脉走向相同的黄白—白色条斑，单条斑宽 3 毫米左右；有时数条合成 5～15 毫米的大条斑或长型大斑块。	叶片张开角度较正常株的大；叶柄长，叶片呈披针形，较正常株狭长而尖，左右不对称；叶片、叶柄色淡黄，叶薄而手感柔软；叶间距大。	叶片短而厚，叶尖钝；表面有纵向皱缩粗突条纹，假茎松散；有的叶片与叶鞘（单片假茎）大小相仿，硬而厚。	当苗出 5～6 片叶时明显显症。叶柄假茎矮；叶片浓绿光亮，但显宽短；叶间距小，似束顶病。
大田定植至成株期特征	经病株定植后 1～2 个月逐渐恢复正常，但生长慢。新抽的叶仍有少数黄色褪绿色斑；重病株仍出现白色或黄色大条斑，但对产量影响较小。	叶柄长，色淡黄，心叶抽发较迟，抽蕾比正常株迟 15～30 天；蕉弓短，蕉指瘦，会减产 10% 左右。重病株抽蕾小，不下垂，直至植株枯死，蕉指也不膨胀。	叶片狭长而厚，有的呈带状，叶面凹，不平；假茎上下大小基本一直，矮而粗糙。不抽蕾或仅抽出一半，有的基本绝收。	矮化，叶片密集，叶短而厚。假茎基部异常增大。不抽蕾，或仅抽出一半，减产大。

（二）种植时期

适宜种植时期的选择是宝岛蕉生产能否取得成功的关键因素之一。具体定植时期应根据宝岛蕉种植地理位置、气候、栽培目的和市场需求而定。既要考虑寒害的影响，又要考虑台风的破坏。另外，宝岛蕉是热带常绿果树，一年四季均可种植，在生产上可根据宝岛蕉的收获期选择适宜的种植期。目前大多数宝岛蕉产区主要采用春植和秋植两种。春植是在 2—4 月种植，如果要求定植后当年能收一造冬蕉，种植期不宜太迟，应在 2—3 月选用越冬大吸芽苗或袋装组织培养大苗种植。这时正值气温开始回升，雨水逐渐增多，定植后蕉苗成活率高，速生快长，在良好的栽培条件下，9—10 月抽蕾，当年 12 月至次年 1 月采收。但冬季温度偏低或有霜冻地区，春植不宜太早，以免遇上寒流，冷害蕉苗，影响成活率。秋植宜在秋分前后，过早或过迟对蕉苗生长均不利。就全国而言，由于低温，除海南西南、南部、雷州半岛，云南哈尼族彝族自治区、西双版纳外，一般冬季不宜种植，夏季因为高温、时干时湿且收获期不适宜，除海南、雷州半岛外，其他地区也不是最适期。因此，多数地区都是春植和秋植为主，少数夏植也在6月底。

（三）种植密度

宝岛蕉种植距离因植地环境、栽培制度、品种特性、收获期、留芽方式以及栽培水平等不同而有较大的差异。合理密植可以充分利用土地和光能，在保证植株有足够生长空间的情况下，适当增加种植株数，以提高产量和品质。不同的种植密度对产量、结果期以及吸芽的生长有很大的影响。在良好的栽培条件下，因地制宜选择种植密度，宝岛蕉产量可随着群体密度的增加而增加。

首先根据水田、旱田或山地蕉园，春植或秋植，单造或多造，品种高矮，不同产区，管理水平，收获预期等因素确定种植密度。目前从香蕉不同品种产区的种植情况分析，一般矮把品种，土壤肥力差，单造蕉等可适增加种植株数；高把品种，土层深厚，土壤肥沃等种植密度不宜过大，可通过多造留芽或单株留双芽的形式来提高单位面积产量。海南、雷州半岛种植密度宜密，广西、珠江三角洲种植密度宜疏些。由于宝岛蕉属于中杆品种，常用的种植密度为每亩定植121～135株，株行距离为2.2米×2.5米或2米×2.5米。

（四）种植方式

宝岛蕉种植方式既要方便机耕及管理，又要有利于其生长及产量和品质的提高。目前，国内外宝岛蕉生产多采用矩形种植、三角形种植、等高种植及宽窄行高畦种植等种植方式。

1. 矩形种植

这种种植方式采用正方形或长方形排列，行距等于或大于株距，蕉园通风透光良好，有利于蕉园间种、土壤耕作、病虫害防治以及其他管理。平地蕉园普遍采用。

2. 三角形种植

这种种植方式是株行距呈等边三角形排列。这种排列方法，株与行间的距离相等，蕉株平均分布于蕉园，每株的叶片可接受相等的日照，能经济利用土地，提高单位面积内的种植株数，但是蕉园管理较不方便。在中美洲及菲律宾等国家均采用三角形种植。

3. 等高种植

这种种植方式适合于在丘陵山坡地采用。一般顺山坡地势按等高线定种植坑，并将种植行修整呈梯带状，以减轻水土流失。

4. 宽窄行高畦种植

这种种植方式可根据土地肥力情况确定种植规格，很适合平地蕉园采用。一般宽行距为 3～3.5 米，窄行距为 1.2～1.2 米，株距为 2～2.3 米。每畦采用双行植。宽行间可视蕉园的水位决定开设排灌沟的深度，以利于排灌和控制地下水位。采用宽窄行种植的蕉园通风透光性能好，宝岛蕉生长发育较快，比常规种植提早 20 天左右收获。

种植行的走向，在亚热带蕉区一般为东西走向，这种走向有利于冬季阳光对植株的照射，以及在有南风的天气时喷药。

（五）种植方法

为确保宝岛蕉种植后能快速生长，在种植前必须施足腐熟基肥。丘陵山坡地宜挖大坑种植，坑深 50～60 厘米，长、宽各 60～80 厘米。种植坑挖好后，要分层施入基肥和石灰，以提高土壤肥力。施入坑内基肥要与表土充分混合，以防止肥分过浓伤根。平地蕉园由于水位较高，可以采取深沟高畦的种植方式，降低地下水位，以利于蕉苗的生长。另外，挖穴方式有人工和机械两种。水田蕉园一般采用人工挖穴，人工挖穴时要求表土放于同一边，心土放在另一边，以便于回土。而在旱地、旱田蕉园如面积达 50 亩以上，建议采用机械挖穴或直接开沟种植以提高效率、降低成本。一般水、旱田蕉园的植穴规格一般为：面宽 50 厘米，穴深 40～50 厘米，底宽 40 厘米。旱地蕉园植穴可大些，其规格一般为：面宽 60～70 厘米，穴深 50～60 厘米，底宽 50～60 厘米。

蕉苗种植后能否成活，关键在于蕉苗质量、种植时期和种植方式。就蕉苗质量而言，首先要检查蕉苗是否带有危险性病虫害和变异植株，如发现有花叶心腐病、束顶病、巴拿巴病、根线虫病以及变异植株应及时清除。蕉苗在起苗、装苗、运苗、栽种等过程中，都要小心轻放，防治碰伤压坏，影响成活率。蕉苗种植深浅要适中，如果种植过深，蕉株难以发根，恢复生长较慢；种植太浅，地下球茎（蕉头）容易暴露，不利于蕉株的生长。一般春种比秋种稍浅些，平地比丘陵山坡地浅些。总之，不论是吸芽苗还是组织培养苗，种植深度比原蕉苗在苗圃的深度稍深 1～2 厘米为宜。在种植时把蕉苗放在坑的中央，然后覆盖细土，并用手稍加压实，使蕉苗不容易摇动，然后淋足定根水。秋植蕉苗若遇上干旱天气，要注意蕉头周围盖草保湿，以减少水分蒸发，提高成活率。如果采用吸芽苗作苗，如发现芽上还有小芽，要用小刀切除，以保证养分集中供给种苗。种苗要按大小分级，力求粗壮整齐一致，同时种苗切口向着同一方向，以便使今后生长留芽一致，抽蕾方向相同，便于管理。

另外蕉苗适宜种植时间也因种植时期有所选择。春植晴天或小雨全天可进行定植，大雨或大雨后不宜；夏植尽量选择雨前、阴凉天气或雨后 1～2 天进行，而避免高温干旱天气，晴天时应在早上或下午 4 时进行。定植后如遇高温干旱天气，可暂时用带叶的树枝等材料插在宝岛蕉的周围，以防蕉苗发生日灼，并加强淋水，提高定植成活率，缩短缓苗期。定植宝岛蕉袋装试管苗时，要求剥净育苗袋，注意不要弄散土团，用湿润细碎表土覆在蕉苗土团周围，种植深度为袋土面低于穴周围土面 2～3 厘米，压紧土团外围的松土，定植后随即淋透定根水。

定植过程中，应避免发生以下常见错误：选用嫩小苗头或老头苗定植；不剥育苗袋；只剥底袋；袋土团散掉；按压蕉苗基部；袋土露出穴面或浮头；定植过深，埋土至心叶。

定植后，如果发现缺株要及时补植。如因天气干旱，补植蕉苗可挖取不久前收果母株抽出的壮吸芽，连带部分母株球茎一起栽植。因为母株球茎贮存的养分和水分较多，故所栽吸芽容易成活。

组织培养苗种植时应注意以下几点：①先将苗淋透水，使泥土不松散。②拆开营养袋，将组培苗定植于土质疏松的细土中，再覆上细土，用手轻轻压实。组培苗不可种植过深，否则，不利于生长。③经常检查，发现劣变株要及时挖掉补种。④组培苗前期抗性差，易感花叶心腐病，故不宜在蕉园套种病毒病和蚜虫的寄主作物，如叶菜类和茄科、豆科作物。⑤苗高1.2米以前，每隔7～19天喷一次辟芽雾1 000倍液。夏秋种植蕉苗，需加喷植病灵800～1 000倍液。⑥苗期应常淋水，排水，松土，注意保持土壤疏松和湿润，并忌积水，以免影响根系生长；苗期每10～20天喷一次叶肥，如磷酸二氢钾和尿素等。

四、蕉园土壤管理

（一）间种与轮作

1. 间作

宝岛蕉种植单产水平高，但种植比较单一，宝岛蕉生长初期，叶面积较小，为增加土地的利用率，可间作一种短期的经济作物，增加经济收入，减少杂草生长，提高土壤肥力，改善蕉园小气候环境。尤其是一些新蕉区，更是可以这样做。生产实践证明，利用宝岛蕉生产初期，即在宝岛蕉植株未封行之前，在蕉园的行间种植花生、黄豆、生姜、食用菌、水稻等矮秆性经济作物，可以有效地提高蕉园生产率和经济效益。广东省农业科学院果树研究所2010年进行了宝岛蕉与大豆的间作，结果表明蕉豆间作能有效提高蕉园土壤的养分含量，有利于调节蕉园的温湿度，并能促进宝岛蕉的生长；还能明显减少杂草的生长和减轻害虫的危害。蕉豆间作还能显著地提高蕉园的经济效益，是一种比较理想的间作模式。

但土壤肥力不高，管理不精细及病虫害较多的旧蕉园，通常不进行间作，尤其是对宝岛蕉生长有影响的间作作物，如蕉园间作水稻，只适合于地下水位较低，土层较深厚，排灌良好的水田。另外，在蕉园间作作物时，必须要认真考虑宝岛蕉生长和病虫害防治问题。蕉园间作必须做到以下几点：①蕉园间作的作物生长期要短，在宝岛蕉植株未封行之前要收获完毕，后期不与宝岛蕉生长争夺养分及阳光，以免影响宝岛蕉产量及品质；②宝岛蕉组培苗在生长前期，由于蕉苗组织幼嫩，抗逆性差，易染病，故不宜在蕉园种植病毒中间寄主和传播病毒的蚜虫寄主作物，如十字花科的蔬菜、茄科的茄子和辣椒以及瓜类等作物。

2. 轮作

轮作是指蕉园生产达到一定年限之后，改种其他经济作物。目前部分宝岛蕉产区蕉园，由于土壤及水肥管理不善，种植 3～5 年之后，宝岛蕉植株抗逆能力逐渐减弱，易感染病虫害，产量和品质逐年下降，因此需要进行轮作。蕉园轮作以种植水稻、花生、甘蔗等为宜，尤其与水稻轮作最佳。对于土地条件有限的蕉区，每 3 年进行沟畦轮作种植，方法是在两畦中间培入大量客土或堆放大量腐熟的有机质肥，然后高畦种植。实行合理的轮作，可有效调节土壤的理化性状，减少土壤板结，减少病虫害发生，提高宝岛蕉产量和质量。广东珠江三角洲一些蕉园，由于土地承包期较短，不想改种其他作物，则采取每年换位重新栽种新苗的方法，其作法是，将原来蕉园的畦沟填泥，并种植上宝岛蕉，而在原来的畦中间挖新的畦沟，这样既保持了宝岛蕉生产的延续性，又能达到宝岛蕉换位轮作的目的。也有一些蕉农，承包 5～6 年的土地，采用宝岛蕉与大蕉轮种，先种 2～3 年宝岛蕉，再换种 2～3 年大蕉，利用大蕉抗性强，对土壤要求不高的优点，种植大蕉时不必重新挖沟起畦，降低成本。

（二）土壤覆盖

蕉园土壤覆盖，对于调节土壤温度，保持土壤湿度，增加腐殖质含量，提高宝岛蕉质量及产量有显著的作用。在高温季节，阳光直射土壤时，土温很高，对浅生的根系不利。而实施土壤覆盖就可降低表土温度，减少高温对根系的灼伤。在冬季，进行土壤覆盖可以减少土壤的热辐射，对土壤起保温作用，减少对根系的冷害。同时，土壤覆盖可抑制杂草生长，减少病虫害。多数覆盖物腐烂后可疏松土壤，增加土壤的有机质。土壤覆盖通常于旱季采用。

（三）蕉园中耕

宝岛蕉是浅根性植物，耕作时容易伤根，因此宝岛蕉中耕松土应根据根系的生长规律和当地的气候条件来进行。除结合除草时松土外，宿根栽培的通常在早春雨季前，全园深翻土壤一次。这时温度较低，湿度较大，新叶新根生长少，断根对植株影响不大，且多数蕉株此时已收获或处于挂果后期。一般每年在2～3月新根发生前中耕一次，深度15～20厘米，平地蕉园宜浅些，山坡地蕉园可适当深些。中耕过早太迟对植株生长会产生直接影响，过早中耕若遭遇寒潮，就容易引起冻害；中耕太迟，新根已经大量生长，容易伤根，影响植株的生长，特别是5月后，宝岛蕉根群和叶片的生长处于最活跃的状态，更不适合中耕。未收获的植株，蕉头土壤不能翻松，或只能浅松，由蕉头附近向外逐渐加深，松后施腐熟农家肥及无机肥。这样，下雨后新根生长时即可吸收，效果很好。但宝岛蕉旺盛生长季节通常不松土断根，尤其是抽蕾期，松土断根会影响抽蕾及果实的生长发育。

蕉园中耕可结合除草、增施有机肥、除隔年旧蕉头一起进行。中耕结合增施有机肥，可以提高土壤肥力，改善土壤透水通气性能，促进土壤微生物的活动，提高土壤保肥保水能力，为新根和地下茎的生长创造条件。隔年旧蕉头不及时挖除，任其自然生长，会继续消耗养分，阻碍子株球茎和根系生长，因此每年中耕松土时，应及时将隔年的旧蕉头挖除。但是当年的旧蕉头要保留，以使其养分继续供应新植株的生长。另外，宝岛蕉采收后，母株残茎60～70天后基本已腐烂，吸芽从残株中吸收的养分已经很少，故要及时挖除旧蕉头，填上新土。

（四）蕉园除草

宝岛蕉的根系分布浅，杂草丛生会与宝岛蕉争夺养分和水分，影响其正常生长，降低产量，诱发病虫害。成年蕉株，由于叶面积大，可抑制杂草的生长。但在种植初期，蕉株较小，杂草容易生长，尤其是春夏季杂草生长更快，所以，宝岛蕉种植初期要经常除草。目前国内外宝岛蕉产区多采用化学药剂和人工两种方法除草。化学药剂除草既节省人力、费用低，又能达到除草的效果。目前，生产上采用草甘膦、丁草胺类除草剂。草甘膦是内吸传导型光谱灭生性除草剂，对多年深根杂草的地下部分有很强的破坏力，除草较彻底，但对宝岛蕉的毒性大；丁草胺为选择性芽前除草剂，通过其幼芽和幼小的次生根吸收，抑制蛋白质的合成，使杂草死亡。如果蕉园频繁使用，宝岛蕉植株的根系受到损坏，叶片面积变小，生长不良，故要慎重使用。一般在宝岛蕉幼株期，于无风的天气，用丁草胺喷洒畦沟或较远离植株的杂草。人工除草虽然安全，有利于根系生长，但花费人力比较大，除草很不彻底。为了有效地控制杂草丛生，以化学除草和人工除草结合起来使用为佳。整地前有杂草的，应喷草甘膦杀死杂草，再翻耕松土。整地种植后、杂草未生长之前，应喷丁草胺或拉索等，抑制杂草的萌发。蕉苗成长后，一般根区采用人工除草，根区以外可用人工除草，也可以化学除草。但在根系旺盛生长的 5—8 月，不宜采用人工除草，以免踩断根系。

蕉园除草遵循的原则是“前重后轻”。整地前，可先用草甘膦等喷施，除去杂草后再松土。定植后，特别在春夏季，蕉株小，在杂草还未生发之前就可以喷草甘膦或丁草胺等防止杂草的萌发。成年后的蕉株，由于叶片大可适当遮阴，在一定程度上抑制杂草生长。蕉园除草一般集中在 4—10 月，每年根据草势可进行 5～10 次，尤其在多雨的 6—7 月，杂草长势迅速，每月甚至需要除草两次。粤东、珠三角、福建、广西、云南等地宝岛蕉多采用春植，每年惊蛰前后，天气转暖，雨水充沛，适合宝岛蕉定植，这期间也是宝岛蕉除草的关键时期。在珠三角地区，宝岛蕉一般在清明前后大量种植，元旦左右集中上市，每造宝岛蕉从种到收至少要喷施 5 次除草剂，也就是每隔两个月除草 1 次。宝岛蕉除草没有绝对固定的时间，一般是发现有杂草就除 1 次。粤西地区多采用秋植，每年 9 月，湛江、茂名、阳江等地的蕉农开始定植，随后天气逐渐转冷，杂草生长速度也减缓。广东雷州半岛、海南等地受台风影响大，蕉农为了对抗自然风险多选择夏植。立夏后气温高，雨水充沛，杂草生长快，因此在夏季种植的宝岛蕉除草工作更频繁。

（五）蕉园培土

宝岛蕉地下球茎有向上生长的习性，尤其是采用组织培养苗种植或宿根蕉留二路以后的吸芽苗随着植株生长和球茎的形成，蕉头即球茎部分容易露出地面，发生浮头现象。露出地面的球茎根量比较少，根系不能正常生长，抗逆性差，因此，从定植后蕉株假茎约 50 厘米高时开始，在整个生产周期都必须定期培土防止浮头。但不应一次性培土过多，以培土至根系不露、蕉头不露为好。蕉园培土可以加厚表土层，为根系生长创造良好的环境条件。蕉园培土通常结合施肥和修畦沟进行。雨季植穴施肥后用土覆盖肥料，中后期培土可取畦沟的积土放于蕉头处，露头严重的要加宽畦沟，以便让更多的泥土堆向畦面。

宝岛蕉喜欢客土。广东珠江三角洲、福建漳州天宝等地的蕉农，有给宝岛蕉上湿河泥和塘泥的习惯。湿河泥、塘泥是一种很好的肥料，除提供养分外，还起到培土和湿润土壤的作用，对防治球茎露头、促进宝岛蕉生长发育极为有利。蕉园畦面上河泥和塘泥，要选择适宜气候和结合其他栽培措施进行。通常每年上河泥或塘泥两次；第一次是在 3—4 月，天气转暖之后结合除草进行。此次上泥量宜多些，有覆盖杂草和平整畦面的作用。第二次是在 9—10 月，上泥量较第一次少些，此次上泥有缓和土壤干旱、防止植株营养器官早衰、促进植株生长的作用。注意在下暴雨前后应停止上湿河泥或塘泥，以避免土壤缺氧引起大量烂根。选干旱天气上泥效果更好。没有施河泥条件的蕉园，通过清理畦沟的方法，把畦沟淤泥铺在畦面。若能用土杂肥、蘑菇土、火烧土培土，则效果更好。

（六）蕉园排灌

合理排灌能加速宝岛蕉生产，调节抽穗期，提高产量和品质。宝岛蕉喜湿，忌干旱，怕涝。若蕉园缺水会延长生长周期，降低产量和效益，尤其是组培苗种植初期，应淋水保湿。宝岛蕉根系为肉质根，好气忌渍水，因此土壤的含水量又不能过高，以免宝岛蕉的根系因缺氧而发育不良，甚至出现烂根。因此水分管理对宝岛蕉的生长十分重要，据试验认为，蕉园土壤的持水量应保持在60%～80%，地下水位在45厘米以下为宜。为此，蕉园周围应挖排水沟，以便在雨量充足季节，能及时排水，保持畦面不积水，这不仅有利于宝岛蕉正常生长，也能减少感染病害的机会。8月中旬后雨水量减少时畦面应覆盖稻草保湿。遇干旱时及时灌水，使园土经常保持湿润状态。

五、蕉园施肥

宝岛蕉是速生快长、投产早、产量高的大型草本果树，在整个生长发育过程需要大量的肥料才能满足其生长。如果肥料不足或不及时供给，宝岛蕉植株生长不良，就不可能获得优质高产。合理施肥是根据宝岛蕉不同生长发育阶段及时足量施肥。前期施肥不足，生长缓慢，长势不良，后期虽然施足肥料产量也很难得到提高。如果肥料过度集中在早期，而后期肥料不足，宝岛蕉就会出现早期营养生长过旺，后期营养不足而早衰，影响产量和品质。由此可见，合理施肥是宝岛蕉获得优质高产的关键。要做到合理施肥，必须根据蕉园的土壤和叶片营养诊断，结合土壤耕作和留芽制度指导施肥，在施肥上要重视各种肥料的配合。这样才能发挥肥料的效应，提高肥料的利用率。

（一）宝岛蕉营养特性

1. 宝岛蕉植株中营养元素的含量

研究宝岛蕉各生育期氮磷钾养分累积动态变化，将有助于判断和指导整株宝岛蕉的施肥。宝岛蕉氮磷钾养分累积量随着宝岛蕉的生长发育而持续增长，至收获期均达到最高值，分别为108.08、35.56和530.86克/株，且养分累积量表现为：钾>氮>磷（表6-2）。表6-2结果表明，宝岛蕉氮磷钾养分累积并非均衡，主要分为两个阶段。第一个阶段是从大田苗期到花芽分化期，宝岛蕉氮磷钾养分累积缓慢，即氮磷钾吸收量占收获期累积总量的百分比增加不大，分别从 7.24%、11.22% 和 8.50%，增加到 20.07%、25.90%和 22.40%。第二阶段是从孕蕾期到收获期，宝岛蕉养分累积迅速，氮磷钾养分累积量随生育期均呈现显著差异。

由表 6-2 可知，宝岛蕉整个生育期氮磷钾养分（N：P_2O_5：K_2O）的比例在 1：0.22：4.59～1：0.51：5.76，氮/磷、氮/钾随着生育期均呈现先降低后升高的趋势，即大田苗期养分比例最大，随后养分比例不断下降，直到幼果期降到最低，收获期养分比例有所上升。进一步计算各生育期间养分累积增加量可知，氮累积增加量最少在大田苗期至旺盛生长期，为 5.99 克/株；最多的的时期在孕蕾期至幼果期，高达 36.65 克/株。磷累积增加量最少在孕蕾期至幼果期，为 1.75 克/株；最多在幼果期至收获期，为 16.28 克/株。钾累积增加量最少在大田苗期至旺盛生长期，为 31.99 克/株，最多在幼果期至收获期，高达 151.78 克/株。由此可知，宝岛蕉养分各生育期养分增加量并不均衡，在施肥过程中应注意各生育期间氮磷钾养分累积量增加量，并结合各生育期氮磷钾养分比例，在不同生育期侧重不同养分施入。

表 6-2 宝岛蕉各生育期氮磷钾养分累积动态变化

生育期	养分种类			养分比例
	N	P_2O_5	K_2O	N：P_2O_5：K_2O
大田苗期	7.83±0.66 e	3.99±0.29 d	45.12±4.18 f	1：0.51：5.76
旺盛生长期	13.81±0.62 de	6.62±0.68 cd	77.11±3.22 e	1：0.48：5.58
花芽分化期	21.69±1.43 d	9.21±0.47 c	118.85±5.30 d	1：0.42：5.48
孕蕾期	45.83±3.77 c	16.20±1.18 b	249.84±11.92 c	1：0.35：5.45
幼果期	82.49±2.89 b	17.95±0.68 b	378.90±5.19 b	1：0.22：4.59
收获期	108.08±4.32 a	35.56±0.56 a	530.86±7.52 a	1：0.33：4.91

注：不同生育期养分累积量为试验采收的 3 株宝岛蕉平均值。同列不同小写字母表示不同生育期间养分累积量差异达显著水平（$P<0.05$，$n=3$）。多重比较采用 Duncan 新复极差法。

图6-1是宝岛蕉6个关键生育期植株总吸氮量在根、球茎、叶片、假茎、果轴及果实等器官中的分配百分比。由图6-1可知，在宝岛蕉现蕾前（大田苗期至孕蕾期），宝岛蕉植株吸氮量在4个器官中分配规律一致，即叶片分配最多，根最少，分配百分比大小顺序为叶片>假茎>球茎>根。进一步分析可知，宝岛蕉前4个生育期叶片分配百分比为43.11%～46.51%；假茎分配百分比略有上升，从大田苗期的27.18%到孕蕾期的33.12%；叶片和假茎两者分配百分比为72.24%～77.93%。由此可知，宝岛蕉现蕾前叶片和假茎，尤其是叶片是宝岛蕉吸收累积氮素的主要器官。宝岛蕉进入幼果期时，植株吸氮量在器官中的分配比例大小顺序为叶片>假茎>球茎>根、果轴、果实，且后三者无显著差异。随着果实的发育，宝岛蕉收获期叶片和假茎分配比例发生了明显变化，特别叶片分配百分比随着果实的发育显著降低，即从幼果期50.23%下降到31.27%；果实分配百分比呈现显著增加，由幼果期的4.26%增加到21.80%。可见，在果实生长发育过程中，宝岛蕉体内的氮素由于叶片的逐渐衰老，氮素向果实转移，造成了分配在叶片中的比例显著降低。另外，宝岛蕉收获时叶片和假茎分配百分比高达61.25%，即植株氮素一半以上保留在残体中，由此可见，宝岛蕉残体的还田和再利用对于充分利用宝岛蕉残体中氮素养分资源，实现宝岛蕉合理施用氮肥具有重要意义。

图6-2是宝岛蕉6个关键生育期植株总吸磷量在根、球茎、叶片、假茎、果轴及果实等器官中的分配百分比。统计结果表明，宝岛蕉各生育期整株吸磷量在各器官中分配呈现一定的规律性。在宝岛蕉现蕾前的4个生育期，整株吸磷量在叶片和假茎中分配百分比最多，两者分配百分比在71.16%～81.09%，并且球茎分配百分比明显大于根。宝岛蕉孕蕾期整株吸磷量在叶片分配百分比增大，为43.36%，明显高于其他器官，假茎次之；到幼果期时，6个器官分配百分比大小为叶片>假茎>球茎>果轴、果实>根，果轴和果实无显著差异。宝岛蕉果实从幼果期不断发育，到收获期时整株吸磷量在叶片和果实分配百分比发生了明显的变化，即叶片分配比例显著降低，从幼果期的45.43%下降到收获期的

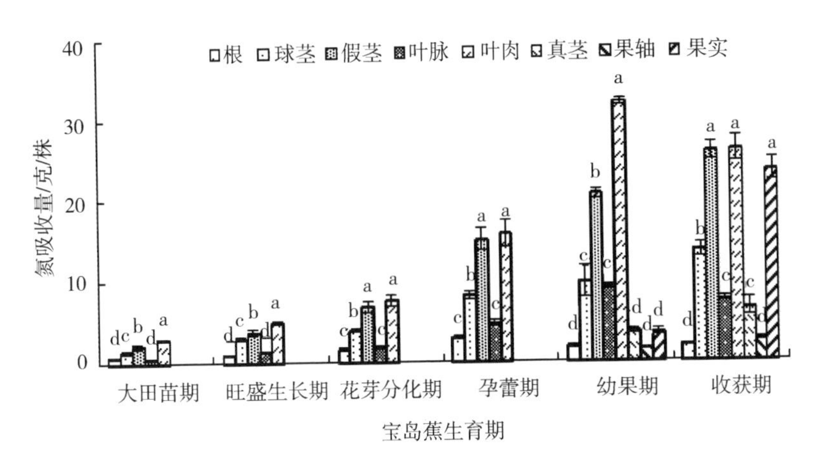

图 6-1　宝岛蕉不同生育期吸氮量在各器官中的分配百分比

注：图柱上小写字母表示同一生育期各器官间氮素分配百分比差异达显著水平（$P<0.05$）；下同

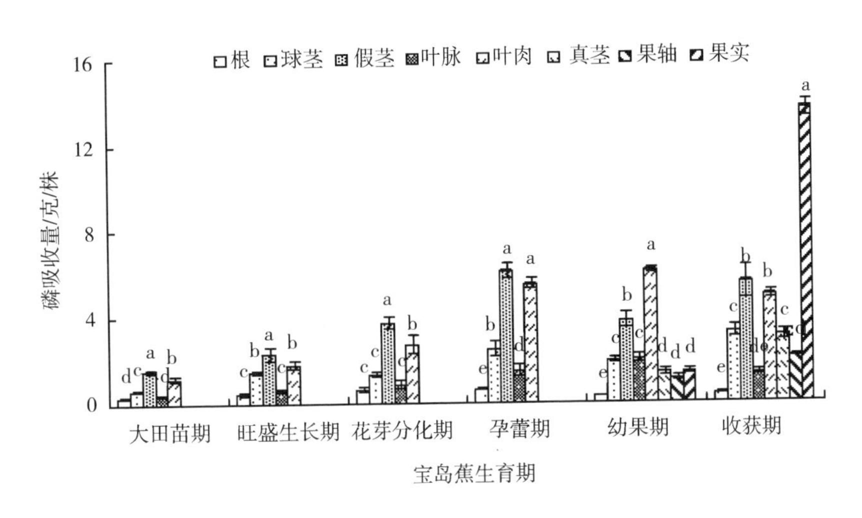

图 6-2　宝岛蕉不同生育期吸磷量在各器官中的分配百分比

17.56%；而果实分配比例所占比例显著增加，由幼果期的 7.59%增加到收获期的 38.22%。由此可知，宝岛蕉在现蕾前，叶片和假茎是其主要吸收累积磷素的器官；果实生长发育过程中磷素主要集中在果实，因此为了宝岛蕉的高产，其果实生长发育过程中也需补充部分磷肥。进一步分析可知，在收获期时，宝岛蕉 45.68%的吸磷量分配在片和假茎（残体）两个器官，说明宝岛蕉残体还田能有效地实现磷素养分资源的综合利用。

宝岛蕉 6 个关键生育期植株总吸钾量在根、球茎、叶片、假茎、果轴及果实等器官中的分配百分比如图 6-3 所示。分析结果表明，宝岛蕉现蕾前，植株吸钾量最多分配在假茎，根中最少，4 个器官分配比例大小顺序为假茎>叶片>球茎>根。假茎分配比例从大田苗期的 37.84%逐渐上升到孕蕾期的 48.44%，叶片分配比例平均为 32.43%；两者分配百分比从大田苗期的 70.51%上升到孕蕾期的 81.71%。由此可见，宝岛蕉现蕾前假茎和叶片也是宝岛蕉吸收累积钾素的主要器官。宝岛蕉现果后，即从幼果期到收获期，整株吸钾量在假茎和叶片分配百分比均呈现下降趋势，尤其是叶片分配百分比从 33.84%下降到 14.02%，而果实分配比例则显著提高，从 3.09%提高到 22.35%，由此可见，在果实生长发育过程中，宝岛蕉体内的钾素由于叶片的逐渐衰老，向果实转移；随着果实的生长，相应的钾素分配比例也显著增加。宝岛蕉收获时，整株吸钾量在假茎和叶片分配百分比高达 55.74%，表明宝岛蕉残体的还田和再利用对于充分利用宝岛蕉残体中的钾素养分资源，节约钾肥施用量具有重要的作用。

2. 主要营养元素的作用

宝岛蕉生长迅速，一年内即可开花结果，在整个生长发育过程中需要从土壤吸收大量的营养元素。根据中国热带农业科学院分析，由图 6-1、6-2、6-3 可知，宝岛蕉根、茎、叶、花、果等器官中，氮磷钾含量的比例以钾含量最高，比氮多 2～4 倍，说明钾在宝岛蕉生发育过程中占有很重要的地位。

（1）钾。钾是宝岛蕉生长过程中的关键元素，在植株中的含量为各元素之首，故宝岛蕉称为喜钾作物。钾作为多种酶的活化剂，能促进作物体中新陈代谢过程；促进光合作用，促进碳水化合物的合成和运输；

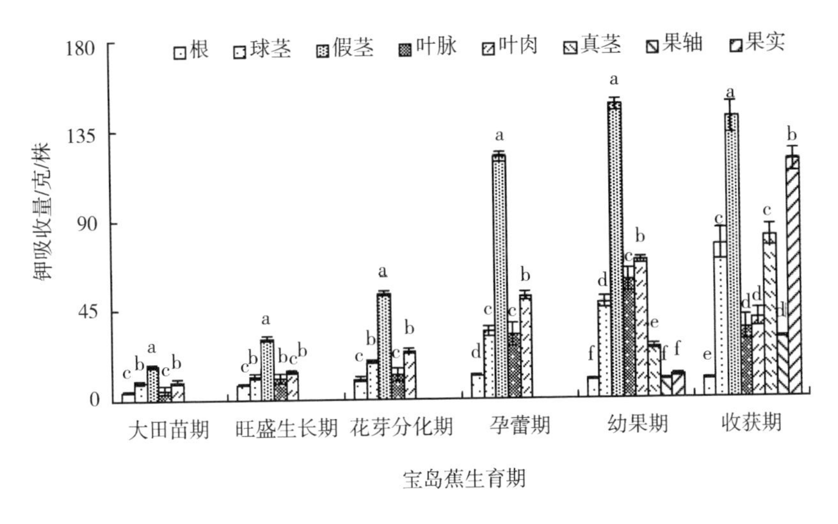

图 6-3　宝岛蕉不同生育期吸钾量在各器官分配百分比

促进蛋白质的合成，加快细胞的形成；增强作物茎秆的坚韧性，增强作物的抗倒伏和抗病虫能力；提高作物的抗旱和耐寒能力。合理施用钾肥可促进宝岛蕉植株球茎、假茎粗大，叶片浓绿且较厚，青叶数保持较多，促进果穗发育，增加果梳数、增长果指，但必须在一定氮磷水平的基础上，才能保证蕉株最佳生长。同时，施用钾肥能增加果实的含糖量，使果皮增厚变硬，还能增加宝岛蕉耐劳、耐旱、耐寒及抗病虫害的能力，缩短和增粗果轴，减少折穗等。由此可见，钾不仅能影响宝岛蕉的品质和产量，还会影响宝岛蕉果实耐贮性及宝岛蕉的抗逆性，因此，钾是宝岛蕉生产的关键性养分。当钾肥供应不足时，宝岛蕉植株生长缓慢，叶片变小，叶绿素减少，老叶提早退绿黄化，植株组织脆弱，容易被风吹折而倒伏，并容易导致病虫害，同时抽蕾迟，果穗的梳数和果指数减少，果指瘦小弯曲，出现畸形，影响宝岛蕉的产量、品质和耐贮性。田间缺钾多表现在抽蕾前期或遇低温、干旱季节，原因是抽蕾前后需大量的钾，或天气不利宝岛蕉生长，根系吸收钾跟不上，造成叶片缺钾。

（2）氮。氮在植物生命中占有首要地位，被称为生命元素。氮是蛋白质的主要成分，其含量占蛋白质总量的16%～18%。氮素是细胞质、细胞核和酶的组成部分；是许多酶、植物激素、维生素、叶绿素和生物碱的重要组成部分；参与遗传物质的核酸、构成生物膜的磷脂和叶绿素等的组成。氮被植物根系吸收后，即开始进行有机合成。但在合成以前，要进行两步的还原作用，第一步，是在硝酸还原酶的作用下，将硝酸盐还原成亚硝酸盐；第二步，在亚硝酸还原酶的作用下，使亚硝酸盐还原成氨。氮的有机合成，是先与叶子的光合产物进行化合成氨基酸。因此，氮的吸收与植物体的光合作用有着相互促进的关系。适量施用氮肥能明显加速蕉株生长，增加叶面积，加快叶片抽生，促进宝岛蕉早抽蕾早结果，提高宝岛蕉的果梳数、果指数和果指长，从而增加宝岛蕉产量和提高品质除其他因素如水分、温度等因子外，宝岛蕉只有吸收足够的氮才会刺激生长。氮肥缺乏时，蕉株生长缓慢，叶片淡绿，叶片抽生慢，叶面积缩小，光合作用弱，抽蕾迟，果穗小，产量低。因为氮素易于流失，在蕉株体内不易贮存，田间很容易出现缺氮，更需依赖施肥补充。施氮不足，缺水或排水不良，根系生长不好，杂草丛生争肥等情况，都会引起蕉株缺氮。但是施用氮肥过量，不但不能提高产量，尤其是生长后期氮肥过多，对蕉株生长非常不利。宝岛蕉体内氮素含量过多，生长迅速，组织松软、脆弱，抗逆能力下降，容易出现叶斑病，果实品质下降，不耐贮存，且易受机械损伤和感染炭疽病。

（3）磷。磷在物体内是细胞原生质的组分，是体内核酸、核蛋白、生物膜的重要组成部分，对细胞的生长和增殖起重要作用；磷还参与植物生命过程的光合作用、糖和淀粉的利用和能量的传递过程。磷肥还能促进氮代谢，提高细胞充水度和束缚水的能力，增强植株的抗旱、抗寒和抗病能力。它能影响香宝岛蕉植株高度、假茎粗细、叶片数及叶的伸展。施用磷肥还能促进宝岛蕉苗期根系的生长，使宝岛蕉提早成熟，糖分提高。缺磷时，根系和地上部的生长受抑制，老叶边缘缺绿，叶尖枯黄，新叶窄而短，果穗的梳数减少，果指小，影响产量和品质。但是磷肥过量又会抑制果实发育。宝岛蕉对磷的需求量少，在一般土壤中，除红壤可能缺磷外，均不会缺磷。宝岛蕉对磷的吸收主要在开花之前，栽植后2～3个月至花芽分化前是宝岛蕉大量吸收磷的时间，这段时间要注意磷的施用。在栽培上，可通过施肥和叶面喷施磷酸二氢钾来提高磷肥的含量及利用率。

（4）钙。钙在植物生长发育中起着不可估量的作用。钙是植物结构组成元素，主要构成果胶酸钙、钙调素蛋白、肌醇六磷酸钙镁等，在液泡中有大量的有机酸钙，如草酸钙、柠檬酸钙、苹果酸钙等。钙能稳定细胞膜、细胞壁，还参与第二信使传递，调节渗透作用，具有酶促作用等。同时施用钙肥还能增强宝岛蕉对环境胁迫的抗逆能力。钙是仅次于氮、磷、钾元素后，宝岛蕉需求量第四大的元素。钙对宝岛蕉生长及产量的影响不是很明显，但对果实品质较大。缺钙时果实品质低劣，宝岛蕉黄熟时果皮易裂。钙属于不易移动的元素，植株生长过快或施用钾肥过多而钙的吸收跟不上时，蕉株新叶容易缺钙，产生叶片烂叶（即抽出新叶只见叶柄无叶片或畸形片），这种情况主要在初夏或台风危害后吸芽生长快速时期可见到。酸性较强的红壤土，也曾见到缺钙而叶片不良的情况。

（5）镁。镁被土肥工作学者看作氮、磷、钾之后的植株第四大必须的营养元素，为叶绿素的重要组成部分，也是叶绿素中唯一的金属元素。同时镁也是许多镁的活化剂，参与氮代谢，能促进维生素A、维生素C的形成。通常长期不施用镁肥或大量施用钾肥的蕉园易出现缺镁。我国沿海冲积土中的镁含量很高；而由花岗岩形成的赤红壤蕉园镁的含量常较低，熟化程度高及种植多年的蕉园镁的含量也偏低。

（6）硫。硫是蛋白质的组成元素，维生素中的生物素、维生素、泛酸都是含硫化合物，硫又是许多重要酶类的结构成分。硫对宝岛蕉生长具有重要作用，不但能增加宝岛蕉产量，还能显著提高果实质量。田间一般很少缺硫，硫对宝岛蕉的影响较小。缺硫时，宝岛蕉幼叶呈黄白色，生长受到抑制，果穗很小或抽不出来。

（7）微量元素。微量元素主要包括铁、锰、铜、锌等元素，宝岛蕉对以上6种元素的需求量很低，但不可或缺。正是由于对微量元素很低的需求量，且在大中量施肥时肥料中都含有一些元素，因此微量元素缺乏症状在宝岛蕉上较为少见。

3. 营养元素的相互作用

营养元素的相互作用是营养元素在土壤中或植物中产生相互的影响，或者一种元素在与第二种元素以不同水平相混合施用时所产生的不同效应。也就是说，两种营养元素之间能够产生的促进作用或拮抗作用。这种相互作用在大量元素之间、微量元素之间以及微量元素与大量元素之间均有发生。可以在土壤中发生，也可以在植物体内发生。由于这些相互作用改变了土壤和植物的营养状况，从而调节土壤和植物的功能，影响植物的生长和发育。

（1）拮抗作用。营养元素之间的拮抗作用是指某一营养元素（或离子）的存在，能抑制另一营养元素（或离子）的吸收。主要表现在阳离子与阳离子之间或阴离子与阴离子之间。拮抗作用分为双向拮抗和单向拮抗，双向拮抗如镁与钾、铁与锰、镉与铁等。拮抗存在以下几种情况：①性质相近的阳离子间的竞争，竞争原生质膜上结合位点，如 K^+/Rb^+；② 不同性质的阳离子间的竞争，竞争细胞内部负电势，如钾离子（K^+）、钙离子（Ca^{2+}）对镁离子（Mg^{2+}）；③阴离子间的拮抗作用，竞争原生质膜上结合位点，如砷酸根（AsO_4^{3-}）/磷酸根（PO_4^{3-}）、氯离子（Cl^-）/硝酸根（NO_3^-）则与细胞内阴离子浓度的反馈调节有关；④铵离子（NH_4^+）与硝酸根（NO_3^-）间拮抗作用，即铵离子（NH_4^+）降低细胞对阳离子的吸收，氢离子（H^+）释出减少，使 H^+-NO_3^-共运输受到影响；进入细胞的铵离子（NH_4^+）对外界氮（N）吸收产生反馈抑制作用。

三要素氮、磷、钾元素对其他元素的拮抗作用表现为：①氮肥尤其是生理酸性铵态氮多了，造成土壤溶液中过多的铵离子，与镁、钙离子产生拮抗作用，影响作物对镁、钙的吸收。过多施氮肥后刺激蕉株生长，需钾量大增，更易表现缺钾症；②磷肥不能和锌同补，因为磷肥和锌能形成磷酸锌沉淀，降低磷和锌的利用率；过多施磷肥，多余的有效磷也会抑制作物对氮素的吸收，还可能引起缺铜、缺硼、缺镁；磷过多会阻碍钾的吸收，造成锌固定，引起缺锌；磷肥过多，还会活化土壤中对作物的生长发育有害的物质，如活性铝、活性铁、镉（Cd），对生产不利；③施钾过量首先造成浓度障碍，使植物容易发生病虫害，继而在土壤和植物体内发生与钙、镁、硼等阳离子营养元素的拮抗作用，严重时引起脐腐和叶色黄化；过量施钾往往造成严重减产；氮、磷、钾肥的长期过量施用引起的拮抗作用，今天已经发展到了必须有意施用钙、镁、硫的地步才能解决了。

中量元素钙、镁、硫对其他元素的拮抗作用表现为：①钙过多，阻碍氮、钾的吸收，易使新叶焦边，杆细弱，叶色淡；过量施用石灰造成土壤溶液中过多的钙离子，与镁离子产生拮抗作用，影响作物对镁的吸收；②镁过多秆细果小，易滋生真菌性病害；土壤中代换性镁小于 60 毫克/千克，镁/钾比小于 1 即为缺镁；③钙、镁可以抑制铁的吸收，因为钙、镁呈碱性，可以使铁由易吸收的二价铁转成难吸收的三价铁；同时，缺微量元素缺硼影响水分和钙的吸收及其在体内的移动，导致分生细胞缺钙，细胞膜的形成受阻，而且使幼芽及子粒的细胞液呈强酸性，因而导致生长停止。缺硼可诱发体内缺铁，使抗病性下降。

（2）协同作用。养分离子的协同作用是指某种养分离子的存在，能促进根部对养分的需要，这对作物吸收养分是有利的。阴离子对氧离子的吸收一般都具有协同作用，如氮肥与钾肥配合施用即是一例。这是因为磷能促进作物体内碳水化合物的运输，有利于氨基酸的合成，氨基酸进一步合成蛋白质。协同存在以下几种情况：①不同电性离子间的协助作用-电性平衡；② 相同电性离子间的协助作用-维茨效应；维茨效应说的是外部溶液中钙离子（Ca^{2+}）、镁离子（Mg^{2+}）、铝离子（Al^{3+}）等二价及三价离子，特别是钙离子（Ca^{2+}）能促进钾离子（K^{+}）、铷离子（Rb^{+}）及溴离子（Br^{-}）的吸收，根里面的钙离子（Ca^{2+}）并不影响钾的吸收；但维茨效应是有限度的，高浓度的钙离子（Ca^{2+}）反而要减少植物对其他离子的吸收；通常，大部分营养元素在适量浓度的情况下，对其他元素有促进吸收作用；促进作用通常是双向的；阴离子与阴离子之间也有促进作用，一般多价的促进一价的吸收。

目前营养元素存在的协同作用主要有：镁和磷具有很强的双向互助

依存吸收作用，可使蕉株生长旺盛，雌花增多，并有助于硅的吸收，增强作物的抗病性，抗逆能力。钙和镁有双向互助吸收作用，可使果实早熟，硬度好，耐储运。双向协助吸收关系的还包括锰和氮、钾、铜；硼可以促进钙的吸收，增强钙在植物体内的移动性。氯离子是生物化学最稳定的离子，它能与阳离子保持电荷平衡，是维持细胞内渗透压的调节剂，也是植物体内阳离子的平衡者，其功能不可忽视，氯比其他阴离子活性大，极易进入植物体内，因而也加强了伴随阳离子（钠、钾、铵离子等）的吸收。锰可以促进硝酸还原作用，有利于合成蛋白质，因而提高了氮肥利用率。缺锰时植物体内硝态氮积累，可溶性非蛋白氮增多。

总之，了解营养元素之间的相互作用并在农业生产中加以应用，通过合理施肥的措施，充分利用离子间的协同作用，避免出现拮抗作用，使用有机肥设备生产的有机肥就能达到增产的目的。

（二）常用肥料种类及施用方法

1. 氮肥及施用方法

对化学氮肥来说，有不同的分类方法。最常用的是按含氮基团进行分类。据此，可以将化学氮肥分为铵（氨）态氮肥、硝态（硝铵态）氮肥、酰胺态氮肥、氰氨态氮肥四类。通过各种物理和化学方法可将肥料加工成缓释的长效肥料，由于其性质有别于一般化学肥料，故也将之作为一类肥料加以介绍。

（1）铵态氮肥。养分标明量为铵盐（氨）形态氮的单质氮肥称为铵（氨）态氮肥。如碳酸氢铵、硫酸铵、氯化铵、氨水、液氨等。它们的共同点包括：①易溶于水，作物能直接吸收利用，肥效快速；②肥料中的铵离子解离后能与土壤胶体上的交换态阳离子交换而被吸附在胶粒上，在土壤中移动性不大，不易流失；③在碱性环境中易分解释放出氨气，尤其是液态氮肥和不稳定的固态氮肥本身就易挥发，与碱性物质接触后挥发损失加剧；④在通气条件良好的土壤中，铵（氨）态氮可进行硝化作用，转化为硝态氮，使化肥氮易遭流失和反硝化损失。常见种类如下。

液氨：又称液体氨，是将氨气压缩为液态直接作肥料施用。液氨肥料有效成分的分子式为 NH_3，含氮率高达82%，是含氮率最高的氮肥品种。将液氨直接用作氮肥始于20世纪30年代的美国。20世纪50年代之后，液氨施用技术趋于成熟，引起世界各国重视。如澳大利亚、加拿大、丹麦、墨西哥等国，液氨施用已具相当规模。

氨水：分子式 $NH_3 \cdot H_2O$，含氮12%～17%，液体，易挥发，有刺激性氨臭，化学碱性（pH值大于10）。可作基肥、追肥。稀释后深施并覆土，加入吸附性物质可防挥发。

碳酸氢铵：简称碳铵，其主要成分的分子式为 NH_4HCO_3，含氮17%左右。碳铵是一种无色或白色化合物，呈粒状、板状、粉状或柱状细结晶，化学性质不稳定，易分解挥发损失氨，易发生潮解、结块。碳铵是无酸根残留的氮肥，其分解产物氨、水、二氧化碳都是作物生长所需要的，不产生有害的中间产物和终产物，长期施用不影响土质，是较安全的氮肥品种之一。碳铵施入土壤后很快电离成铵离子和重碳酸根离子，铵离子很容易被土粒吸附，不易随水移动。目前在碳铵产品中加入一定量的磷酸铵和氧化镁，使其发生反应以吸收碳铵中的吸湿水，形成磷酸镁铵，使产品稳定和干燥，形成了改性碳铵。改性碳铵可较长期存放而不致结块，田间肥效亦高于普通碳铵。施用时应注意以下两个方面：一是掌握不离土、不离水的施肥原则。把碳铵深施覆土，使其不离开水土，这样有利于土粒对肥料铵的吸附保持，持久不断地对作物供肥。深施的方法包括作基肥铺底深施、全层深施、分层深施，也可作追肥沟施和穴施。其中，结合耕耙作业将碳铵作基肥深施，较方便而省工，肥效较高而稳定，推广应用面积最大。

硫酸铵：分子式为 $(NH_4)_2SO_4$，简称硫铵，俗称肥田粉。硫酸铵肥料为白色结晶，含氮率为20%～21%。硫酸铵肥料较为稳定，不易吸湿，易溶于水，肥效较快且稳定。我国长期将硫铵作为标准氮肥品种。目前，硫铵在我国氮肥总量中所占比重已很小，多数是炼焦等工业的副产品。硫酸铵肥料中除含有氮之外，还含硫25.6%左右，也是一种重要的硫肥。硫铵与普通过磷酸钙肥料一样，是补充土壤硫素营养的重要物质来源。

硫酸铵肥料长期单独施用导致土壤酸度提高，为生理酸性肥料。除还原性很强的土壤外，硫酸铵适用于在各种土壤和各类作物上施用。可作基肥、追肥、种肥。作基肥时，不论旱地或水田宜结合耕作进行深施，以利保肥和作物吸收利用，在旱地或雨水较少的地区，基肥效果更好。作追肥时，旱地可在作物根系附近开沟条施或穴施，干、湿施均可，施后覆土。硫酸铵较宜于作种肥，注意控制用量，以防止幼苗生长产生不良影响。

氯化铵：分子式为 NH_4Cl，简称氯铵。氯化铵肥料可以直接由盐酸吸收氨制造，但其主要来源则是作为联碱工业的联产品。氯铵肥料为白色结晶，含杂质时常呈黄色，含氮量为 24%～25%。氯铵临界吸湿点较高，接近硫铵，但肥料产品中由于混有食盐、游离碳酸氢铵等，有氨味，吸湿性比硫铵稍大，易结块，甚至潮解，生产上有时将之精制并粒状化来降低其吸湿性。氯铵的溶解度比硫铵低，氯铵肥效迅速，与硫铵一样，也属于生理酸性肥料。

氯铵在土壤中的硝化作用比硫铵慢，这是由于氯铵肥料中含有的大量氯根对硝化作用具有明显的抑制作用，这就使得氯铵中的铵态氮的硝化流失减少。氯铵不象硫铵那样在强还原性土壤上会还原生成有害物质。但由于其副成分氯根比硫酸根具有更高的活性，能与土壤中两价、三价阳离子形成可溶性物质，增加土壤中盐基离子的淋洗或积聚，长期施用或造成土壤板结，或造成更强盐渍化。因此，在酸性土壤上施用应适当配施石灰，在盐渍土上应尽可能避免大量施用。

（2）硝态氮肥与硝铵态氮肥

养分标明量为硝酸盐形态的氮肥为硝态氮肥，如硝酸铵、硝酸钙等；养分标明量为硝酸盐和铵盐形态的氮肥称为硝铵态氮肥，如硝酸铵。其共同点：①易溶于水，速效，吸湿性强，易结块；②硝酸根离子不能被土壤胶体吸附，在土壤溶液中易随水移动；③在土壤中，硝酸根可经反硝化作用转化为游离的分子态氮（氮气）和多种氧化氮气体（NO、N_2O 等）而丧失肥效；④多数硝态氮肥能助燃或本身就易燃易爆，在贮运过程中应注意安全。常见种类如下。

硝酸铵：硝酸铵肥料简称为硝铵，其有效成分分子式为 NH_4NO_3，硝铵是当前世界上的一个主要氮肥品种。硝铵肥料含氮率为 33%～35%。目前生产的硝铵主要有两种：一种是结晶的白色细粒，另一种是白色或浅黄色颗粒。细粒状的硝铵吸湿性很强，空气湿度大的季节会潮解变成液体，湿度变化剧烈和无遮盖贮存时，硝铵体积可以增大，以致使包装破裂，贮存时应注意防潮。

硝铵肥料施入土壤后，很快溶解于土壤溶液中，是一种在土壤中不残留任何成分的氮肥，属于生理中性肥料。由于硝酸根较大的移动性，除特殊情况外，一般不将硝铵作基肥和雨季追肥施用。硝酸铵适用于各类土壤和各种作物，但不宜于水田。硝铵的改性是改善其吸湿性和防止燃爆危险的重要途径。最重要的硝铵改性氮肥是硝酸铵钙和硫硝酸铵。硝酸铵钙又名石灰硝铵，其主要成分 NH_4NO_3、$CaCO_3$，含氮率约 20%，其加工方法是将硝铵与碳酸钙混合共熔而成。硫硝酸铵则由硝铵（74%左右）与硫铵（26%左右）混合共熔而成；或由硝硫酸混合后吸收氨，结晶、干燥成粒而成。

硝酸钠：又名智利硝石，因盛产于智利而闻名。除天然矿藏外，硝酸钠也可利用硝酸进行加工生产。其有效成分分子式为 $NaNO_3$。硝酸钠含氮量为 15%～16%，易溶于水，比硝铵稳定。结成硬块的硝酸钠在施用前应用木棒轻缓研碎，切不可用铁器猛烈击打，否则会发生爆炸，造成伤亡事故和不必要的损失。硝酸钠比较适用于中性或酸性土壤，而不适用于盐碱化土壤。其施用方法：一是最适宜用作追肥，应以少量分次施用为原则，以避免硝态氮的淋失；二是在干旱地区可作基肥，但要深施，最好与腐熟的有机肥混合施用，这样效果会更好；三是长期施用应把硝酸钠与有机肥或钙质肥（如过磷酸钙）配合起来一同施用，避免土壤板结。

硝酸钙：又称挪利硝石，分子式 Ca（NO3）$_2$，含 N 13%～15%。肥料水溶液呈弱碱性反应；吸湿性极强，应在干燥通风处保存；生理碱性肥料，含 Ca^{2+}，能改善土壤的物理性质；适宜作追肥，不能作种肥。适于各种土壤，特别是缺钙的酸性土壤更好，不宜于水田上施用。另外可作根外追肥，可提宝岛蕉的产量、品质和贮藏性能。

（3）酰胺态氮肥

酰胺态氮肥主要是尿素，分子式 $CO(NH_2)_2$，含 N 44%～46%。固态肥料含氮最高的优质肥料，是化学合成的有机小分子化合物。易溶于水，水溶液呈中性反应；高温潮湿的环境下易潮解。生理中性肥料，施入土壤后一小部分以分子态吸收，大部分经脲酶作用转化为 $(NH4)_2CO_3$被吸收，肥效较 NH_4^+-N 和 NO_3^--N 慢，作追肥时，要提前 4～5 天施用；对土壤无不良反应。可作基肥，追肥，不提倡作种肥，最适宜作根外追肥；适于各种土壤和作物，石灰性和碱性土壤施用时要深施覆土，防止氨的挥发。

尿素作根外追肥时的浓度一般为 0.5%～2.0%。根外追施尿素肥料宜在早晨或傍晚，喷施液量取决于植株大小、叶片状况等。一般隔 7～10 天喷一次，共喷 2～3 次。作根外追施的尿素肥料的缩二脲含量一般不得超过 0.5%，尤其是幼苗期作物对其较敏感，受缩二脲危害的叶片叶绿素合成障碍，叶片上出现失绿、黄化甚至白化的斑块或条纹。

（4）氰氨态氮肥

氰氨化钙，俗称石灰氮，也是一种有机氮肥，其主要成分分子式为 $CaCN_2$，含氮率 20%～22%。氰氨化钙水解过程的产物是尿素，故也有人将氰氨化钙肥料归入酰胺态氮肥。氰氨化钙除用作肥料外，尚可用作除莠剂、杀虫剂、杀菌剂、脱叶剂及在血吸虫防治上作杀灭钉螺等用。氰氨化钙肥料在浙江省有少量生产，作为肥料使用国内已极少见。

（5）缓释氮肥

缓释氮肥又称长效氮肥，是指由化学或物理法制成能延缓养分释放速率，可供植物持续吸收利用的氮肥。如脲甲醛、包膜氮肥等。这类肥料有如下优点：①降低土壤溶液中氮的浓度，减少氮的挥发、淋失及反硝化损失；②肥效缓慢，能在一定程度上满足作物全生育期对氮素的需要；③可以减少施肥次数而一次性大量施用不致出现烧苗现象，减少了部分密植作物后期田间追肥的麻烦。主要包括合成有机长效氮肥和包膜缓释氮肥。

合成有机长效氮肥：主要包括尿素甲醛缩合物、尿素乙醛缩合物以及少数酰胺类化合物。

脲甲醛：代号 UF，有机长效氮肥，含 N 32%～38%，一般在沙质土壤上施用，可作基肥，但对一年生植物生长前期须配施速效氮肥。以尿素为基体加入一定量的甲醛经催化剂催化合成的一系列直链化合物，含尿素分子 2～6 个，为白色粒状或粉状的无色固体。脲甲醛施入土壤后，虽可能有一部分化学分解作用，但主要是依靠微生物分解释放，不易淋溶损失。

脲乙醛：代号 CDU，又名丁烯叉二脲，为白色粉状物，含氮量为 28%～32%。该肥料产品在土壤中的溶解与温度及酸度密切相关。脲乙醛在土壤中分解的最终产物是尿素和 β-羟基丁醛，尿素进一步水解或直接被植物吸收利用，而 β-羟基丁醛则被土壤微生物氧化分解成 CO_2 和水，并无残毒。

脲异丁醛：代号 IBDU，又名异丁叉二脲，是尿素与异丁醛缩合的产物。脲异丁醛肥料为白色颗粒状或粉状，含氮率在 31%左右，不吸湿，水溶性很低。脲异丁醛具有如下优点：①水解产物异丁醛易分解，无残毒；②生产脲异丁醛的重要原料异丁醛是生产 2-乙基己醇的副产品，廉价易得；③施用方法灵活，可单独施用，也可作为混合肥料或复合肥料的组成成分。可以按任何比例与过磷酸钙、熔融磷酸镁、磷酸氢二铵、尿素、氯化钾等肥料混合施用。

草酰胺：代号 OA。草酰胺肥料产品呈白色粉状或粒状，含氮率为 31%左右。室温下，100 克水中约能溶解 0.02 克草酰胺，但一旦施入土壤，草酰胺则较易水解生成草胺酸和草酸，同时释放出氢氧化铵。草酰胺对玉米的肥效与硝酸铵相似，呈粒状时养分释放减慢，但快于脲醛肥料。

包膜缓释氮肥：是指以降低氮肥溶解性能和控制养分释放速率为主要目的，在其颗粒表面包上一层或数层半透性或难溶性的其他薄层物质而制成的肥料，如硫磺包膜尿素等。常采用的包膜材料有硫磺、树脂、聚乙烯、石蜡、沥青、油脂、磷矿粉、钙镁磷肥等。包膜肥料制造方法简单，比较成熟的产品主要有硫衣尿素、树脂包膜氮肥、钙镁磷肥包衣碳铵等。包膜肥料主要是通过膜孔扩散、包膜逐渐分解，以及水分透过包膜进入膜内膨胀使包膜破裂等过程释放出养分。

硫磺包膜尿素：代号 SCU，简称硫包尿素。包膜的主要成分除硫磺粉外，还有胶结剂和杀菌剂。在硫包膜过程中胶结剂对密封裂缝和细孔是必需的，而杀菌剂则是为了防止包膜物质过快地被微生物分解而降低包膜缓释作用。硫包尿素的含氮率范围在 10%～37%，取决于硫膜的厚度。硫包尿素只有在微生物的作用下，使包膜中硫逐步氧化，颗粒分解而释放氮素。硫被氧化后能产生硫酸，从而导致土壤酸化。由于硫氧化后可形成硫酸，硫包尿素作为盐渍化土壤上的氮素来源是有益的，它可以在阻止盐渍土脱盐过程中 pH 值升高方面起着积极作用。

树脂包膜氮肥：由于合成长效肥料一般成本较高，美国和其他一些国家正在大力研究用合成树脂（聚乙烯、醋酸乙烯酯等）包膜长效氮肥，以减缓水溶性氮肥进入土壤溶液的速率。用树脂包膜的氮肥主要有尿素、硝铵、硫铵等。采用特殊工艺可以使包膜上含有一定大小与数量的细孔，这些细孔具有微弱而适度的透水能力。当土壤温度升高、水分增多时，肥料将逐渐向作物释放氮素。塑料包膜肥料不会结块也不会散开，可以与种子同时进入土壤，这将在很大程度上节省劳力。根据不同土壤、气候条件和作物营养阶段特性控制包膜的厚度或选择不同包膜厚度肥料的组合，即可较好地满足整个作物生长期的氮素养分供应。

长效碳酸氢铵：又称长效碳铵。在碳铵粒肥表面包上一层钙镁磷肥。在酸性介质中钙镁磷肥与碳铵粒肥表面起作用，形成灰黑色的磷酸镁铵包膜。这样既阻止了碳铵的挥发，又控制了氮的释放，延长肥效。包膜物质还能向作物提供磷、镁、钙等营养元素。由于膜壳致密、坚硬，不溶于水而溶于弱酸，这样就使得长效碳铵在作物根际释放较快，而在根外土壤中释放较慢成为可能。

2. 磷肥及施用方法

我国所生产的磷肥种类以过磷酸钙、钙镁磷肥为主，近年硝酸磷肥和磷酸铵的使用有所增长。按溶解性，可将磷肥分为三类。

（1）水溶性磷肥。磷肥中的磷易溶于水，能为作物直接吸收利用，如普通过磷酸钙、重过磷酸钙、磷酸铵、磷酸钾及含水溶性磷的一些复混肥等。

（2）弱酸溶性磷肥。磷肥中的磷素易溶于弱酸，主要有钙镁磷肥、钢渣磷肥、脱氟磷肥、氨化过磷酸钙、偏磷酸钙等复肥。

（3）难溶性磷肥。肥料中的磷只有在强酸条件下才能被溶解，它们几乎不溶于水，包括各种磷矿粉、骨粉等，只溶于强酸。

过磷酸钙：它占我国目前磷肥总产量的74%左右，简称普钙。普钙是磷酸一钙的一水结晶［$Ca(H_2PO_4)_2 \cdot H_2O$］和40%～50%硫酸钙（又称石膏，分子式$CaSO_4$）的混合物，由磷矿粉经硫酸分解而成。普钙含有效磷（P_2O_5）12%～20%，另含有5%左右游离酸和2%～4%的硫酸铁、硫酸铝。属水溶性磷肥，显深灰色、灰白色或淡黄色的粉状物，稍有酸味，酸性较强。普钙因含有硫酸铁、硫酸铝等杂质，水溶性磷会逐渐转化成难溶性的磷酸铁、磷酸铝，有效性下降，这个过程叫普钙退化。普钙中铁、铝含量越多，温度越高，贮存时间愈长，退化越严重。过磷酸钙具有吸湿性和腐蚀性，施入土壤后易被土壤固定而降低肥效，可作基肥和追肥使用，在施用时宜集中施用或和有机肥料混合施用，这样可以降低磷的固定，从而提高肥效。也可用作根外追肥，使作物直接吸收。

重过磷酸钙：重过磷酸钙占我国目前磷肥总产量约1.3%，简称重钙。重钙是磷酸一钙的一水结晶［$Ca(H_2PO_4)_2 \cdot H_2O$］，由磷酸分解磷矿粉而制成。重钙含有效磷（P_2O_5）约46%，是固体单元磷肥中含磷量最高的。属水溶性磷肥，显深灰色的颗粒或粉状，为弱酸性，不含石膏，易结块，腐蚀性和吸湿性也较强。重钙不含硫酸铁、硫酸铝，不会发生磷酸盐的退化。浓度高，多为粒状，物理性状好，便于运输和贮存，投放到交通不便的地区，经济效益更好。施用重钙的有效方法和过磷酸钙相同，重钙有效成分含量高，用量要相对减少。

钙镁磷肥：钙镁磷肥占我国磷肥总产量的17%左右，仅次于普钙。

其主要成分是高温型的磷酸三钙，分子式为 $\alpha\text{-}Ca_3(PO_4)_2$，由磷矿石和含镁、硅的矿石等在高温下共熔，然后用水淬为玻璃状碎粒并磨成细粉。钙镁磷肥含有效磷（P_2O_5）12%～20%，还含有氧化钙 25%～30%，氧化铁 15%～18%，以及数量不等的硅、镁等氧化物。属于枸溶性磷肥，溶于弱酸，不溶于水，呈碱性，有效磷不被淋失，无腐蚀性，不吸潮，不结块。钙镁磷肥除供给作物磷素外，还能改善作物的钙、镁、硅、铁等营养。施在磷和中量、微量元素俱缺的地块，肥效更为显著；施在缺磷的石灰性土壤中当季肥效偏低，但后效较长。

磷酸氢钙：磷酸氢钙产量低，只有少量用做肥料，也称沉淀磷酸钙。磷酸氢钙是磷酸一钙的二水结晶，分子式为 $CaHPO_4 \cdot 2H_2O$，由盐酸或其他酸分解磷矿粉制成磷酸，经石灰乳（$CaCO_3$）中和后沉淀而成。磷酸氢钙含有效磷（P_2O_5）18%～30%，呈灰黄色或灰黑色的粉末。属于枸溶性磷肥，溶于弱酸，不溶于水，呈中性或弱酸性反应，氢离子浓度 100～10 000纳摩尔/升（pH 5～7）。磷酸氢钙不含硫酸根和游离酸，不吸潮，很少被铁、铝固定，在酸性土壤中肥效常比普钙好。纯洁的磷酸氢钙，氟、砷含量很少，可作饲料添加剂。

钢渣磷肥：钢渣磷肥是炼钢工业的副产品，是由磷酸四钙与硅酸钙组成的复盐，分子式 $Ca_4P_2O_9 \cdot CaSiO_3$，有效磷（P_2O_5）含量不稳定，多在 8%～14%之间，另含钙、硅、镁、硼、锰等多种中量、微量元素。钢渣磷肥属枸溶性磷肥，呈黑褐色粉状，碱性强，不溶于水，溶于弱酸，在石灰质碱性土壤中肥效较差。较适宜在酸性土壤上做底肥；与堆肥、厩肥混合施用于留芽宝岛蕉，肥效较好。

脱氟磷肥：成分以 α 型磷酸三钙 $Ca_3(PO_4)_2$为主，还含有较多的硅酸钙（Ca_2SiO_4）等。脱氟磷肥由磷矿粉通过水热法脱氟生成羟基磷酸钙［$Ca_5(OH)(PO_4)_3$］，而后在二氧化硅（SiO_2）等矿物质参与下生成。脱氟磷肥含有效磷（P_2O_5）14%～18%，高的可达 30%左右，呈褐色或浅灰色细粉状。它属枸溶性磷肥，溶于弱酸，不溶于水，微碱性，不吸湿，不结块，便于贮存、运输，在施用上与钙镁磷肥相似。目前把脱氟磷肥用作肥料的不太多。产品含氟量不超过 0.2%、含砷低于

0.001%的可做饲料添加剂，其经济效益更好。

磷矿粉：磷矿粉由磷矿直接粉碎磨细过筛，不计入磷肥的总产量中。磷矿粉以氟磷灰石［$Ca_5F(PO_4)_3$］为多，还有羟基磷灰石等，含磷（P_2O_5）从百分之几到百分之几十，大多只溶于强酸，属难溶性磷肥。磷矿粉往往也含有少量枸溶性磷，一般占全磷量的0.5%～5%。不适宜浮选的低品位磷矿可以就地磨细，就地施用，不要长途运输。有效施用方法：施在缺磷的酸性土壤中，或与农家肥堆沤做底肥。

骨粉：骨粉是各种动物的骨骼经蒸煮或焙烧，磨成粉状而成。不同成品骨粉含氮高则磷低，磷高则氮低，一般含磷（P_2O_5）20%～40%，含氮（N）少于4%。骨粉中的氮素呈蛋白质形态；磷呈磷酸三钙形态，只溶于强酸，肥效迟缓。骨粉作为磷肥，在北方石灰性土壤中不易被作物吸收利用，肥效甚微；在南方酸性土壤中与农家肥堆沤或一起撒在田里作底肥，有一定增产效果。骨粉的有效施用方法与磷矿粉相似。目前，我国骨粉产量少，价格较高，脱胶后用作农畜的矿质饲料更为经济。因此，骨粉未计入磷肥总产量中。

3. 钾肥及施用方法

钾肥总体可以上分为工业钾肥与其他类钾肥两大类。其中工业钾肥有硫酸钾、氯化钾、硝酸钾、磷酸钾、钾镁肥、钾钙肥等，其他钾肥有草木灰、窑灰钾肥、有机钾肥等。

硫酸钾肥：硫酸钾肥一般指硫酸钾镁肥。含 K_2O 50%～52%，易溶于水，生理酸性肥料。施入土壤后，钾呈离子状态，一部分被植物直接吸收利用，一部分与土壤胶粒上的阳离子交换，并生成出硫酸钙、硫酸。所以大量施用硫酸钾后，要防止土壤板结，一方面可以增施有机肥，一方面可以增施石灰，中和酸性。硫酸钾肥的作用是可作基肥、追肥。由于钾在土壤中移动性差，所以更适宜作基肥。追肥时，要施到作物根系密集层。由于其价格高，除忌氯作物外，农户可以尽量选择氯化钾。

氯化钾：含 K_2O 50%～60%，易溶于水，肥效迅速，生理酸性肥料。在中性土壤中会生成氯化钙，造成钙流失的淋失；在石灰性土壤中的碳酸钙与氯化钾反应，可被中和并释放出有效钙；在酸性土壤中会生成盐酸，增强土壤酸性，增加酸、铝毒害，可配合施用石灰及有机肥。氯化钾可作基肥、追肥，对忌氯作物级盐碱地不宜施用。

草木灰：含有多种植物灰分元素，包含钾、钙、磷、镁、硫、铁、硅等多种植物营养元素。其中钾以碳酸钾、硫酸钾、氯化钾形式存在，磷以弱酸溶性磷形式存在。属于碱性肥料。切忌与铵态氮肥料混合施用。也不应该与厩肥、粪尿等有机肥料混合施用，易引起氮素挥发。盐碱地植物草木灰中含钠和氯离子，作种肥易于增加土壤盐分。草木灰可作基肥、追肥、盖种肥。作基肥用量 50～100 千克/亩，作追肥用量 50 千克/亩，施用前可与 2～3 倍细土拌合，也可制成 10%～20%水浸提液，作为钾与微量元素营养液进行叶面喷施。

4. 二元复合肥及施用方法

含有氮磷钾任何两种要素的复合肥料称二元复合肥，常用的几种复合肥如下。

磷酸一铵：主要成分 $NH_4H_2PO_4$，溶于水，微溶于醇，不溶于。在空气中稳定。在农业上磷酸二氢铵作为无氯型 N、P 二元高效复合肥使用，其总养分（$N+P_2O_5$）为 73%，是配制 N、P、K 三元复混肥的优质基础原料。作基肥、追肥均可。追肥应条施。

磷酸二铵：主要成分（$(NH_4)_2HPO_4$），有效成分%（$N-P_2O_5-K_2O$）21-53-0，一种高浓度的速效肥料，易溶于水，溶解后固形物较少，作基肥或追肥均可，宜深施。追肥应条施。

磷酸二氢钾：主要成分 KH_2PO_4，在农业上用作高效磷钾复合肥，总养分（$K_2O+P_2O_5$）为 86%，是配制 N、P、K 三元复混肥的优质基础原料。多用于根外追肥，浓度为 0.2%～0.3%。

5. 中微量肥料

钙肥：生产中常用的钙肥有石灰、石膏、硝酸钙和氯化钙等。钢渣、粉煤灰、钙镁磷和草木灰等也都含有一定数量的石灰，在酸性土壤施用也有一定作用。石灰石价格便宜，化学性质温和，多用于改良酸性土壤，一般秋季作基肥施用效果较好。施用量每亩不应超过 200 千克。

施用过多会加速土壤有机质的分解，影响土壤养分的有效性。施用时最好与有机肥、磷、钾及硼、镁等肥料配合，以提高石灰的效果。切忌与铵态氮肥（如硫酸铵、碳酸氢铵等），或腐熟的有机肥料混合施用，以免氨的挥发。在中性和酸性土上施用石膏，可供给宝岛蕉生长必需的硫和钙，提高土壤中磷、钾等的有效成分。硝酸钙和氯化钙均属速效钙肥，在严重缺钙时可土壤施入；一般情况下最好根外喷肥，以提高利用率。

镁肥：镁肥是具有镁（Mg）标明量的肥料。镁肥分水溶性镁肥和微溶性镁肥。前者包括硫酸镁、氯化镁、钾镁肥；后者主要有磷酸镁铵、钙镁磷肥、白云石和菱镁矿。镁肥对作物的效应受到多种因素制约，包括土壤交换性镁水平，交换性阳离子比率、作物特性、镁肥种类等。镁肥可做基肥、追肥和根外追肥。在作物生育早期追施效果好。采用1%～2%的硫酸镁溶液叶面喷施矫正缺镁症状见效快，但不持久连续喷施效果较好。

硫肥：硫肥是具有硫（S）标明量的肥料。主要的硫肥种类有硫磺（即元素硫）和液态二氧化硫。它们施入土壤以后，经氧化硫细菌氧化后形成硫酸，其中的硫酸离子即可被作物吸收利用。其他种类有石膏、硫铵、硫酸钾、过磷酸钙以及多硫化铵和硫磺包膜尿素等。硫肥的有效施用条件取决于土壤中有效硫的含量、降水和灌溉水中硫的含量、硫肥品种和用量、施用方法和时间、水分管理、作物品种和产量等。硫肥可以提供硫素营养，作基肥、追肥和种肥均可，粉碎撒于地面，结合耕作施入土中。硫肥还可以与排灌工程相结合来改良土壤。重碱地施用石膏应采取全层施用法，在雨前或灌水前将石膏均匀施于地面，并耕翻入土，使之与土混匀，随后通过雨水或灌水，冲洗排碱。

微肥：按所含微量元素种类分，可将微肥分为硼肥、锌肥、锰肥、铁肥、铜肥和钼肥。

我国微肥的生产与应用，比国外起步虽较晚，但发展迅速。常用的种类如下。

硼肥：主要是硼酸和硼砂。它们都是易溶于水的白色粉末，含硼量分别是17%和13%。通常把0.05%～0.25%的硼砂溶液施入土壤里。

锌肥：主要是七水硫酸锌（$ZnSO_4 \cdot 7H_2O$，含Zn约23%）和氯化锌（$ZnCl_2$，含Zn约47.5%）。它们都是易溶于水的白色晶体。施用时应防止锌盐被磷固定。通常用0.02%～0.05%的$ZnSO_4 \cdot 7H_2O$溶液浸种或用0.01%～0.05%的$ZnSO_4 \cdot 7H_2O$溶液作叶面追肥。

钼肥：常用的是钼酸铵［$(NH_4)_2MoO_4$］，含钼约50%，并含有6%的氮，易溶于水。常用0.02%～0.1%的钼酸铵溶液喷洒。

锰肥：常用的是硫酸锰晶体（$MnSO_4 \cdot 3H_2O$），含锰26%～28%，是易溶于水的粉红色结晶。一般用含锰肥0.05%～0.1%的水溶液喷施。

铜肥：常用的是五水硫酸铜（$CuSO_4 \cdot 5H_2O$），含铜24%～25%，是易溶于水的蓝色结晶。一般用0.02%～0.04%的溶液喷施，或用0.01%～0.05%的溶液浸种。

铁肥：常用绿矾（$FeSO_4 \cdot 7H_2O$）。把绿矾配制成0.1%～0.2%的溶液施用。

微量元素肥料的肥效跟土壤的性质有关。在碱性土壤中，除钼的有效性增大以外，其他都降低肥效。对变价元素来说，还原态盐的溶解度一般比氧化态盐大，所以土壤具有还原性，铁、锰、铜这些元素的肥效增大。土壤有机质中的有机酸对有些元素有配合作用，跟铁形成的配合物能增大铁的肥效，但会降低铜、锌的肥效。土壤施肥常用的微肥通常都用作基肥。其施用方法为：在播种前结合整地施入土中，或者与氮、磷、钾等化肥混合在一起均匀施入，施用量要根据作物和微肥种类而定，一般不宜过大。根外追肥将可溶性微肥配成一定浓度的水溶液，喷洒浓度为0.01%～0.05%。

（三）施肥方法

宝岛蕉施肥有两类，就是根际施肥和根外追肥，以根际施肥为主，根外追肥为辅。根际施肥可分液施和干施，而干施又分撒施、穴施和沟施。

1. 液施

液施将肥料用水溶稀释后施用，对那些易溶解的即溶即用，对有机肥麸饼、人和畜禽类等要用水或人、畜尿沤烂腐熟才用，溶成糊状的施后应即覆盖薄土。液施的好处是肥料易接触根系，易被吸收又不伤根，天旱时还起灌溉作用。

2. 撒施

撒施就是把肥料撒于畦面上，一般在雨季过后、土壤还较湿润时进行。晴旱天土壤干燥不宜撒施，若晴旱天撒施一定要先把畦面淋（灌）湿。撒施要撒得均匀，施毕最好淋一次水。撒施的好处是省工，能扩大吸收面，快见肥效，但施用不当易伤根和流失浪费，尤其是5—7月蕉根易露土时，千万要控制好肥料的依度。

3. 穴施

穴施是在离蕉株30～100厘米处挖穴，穴深15～23厘米（大小视肥料多少而定），将肥料放入穴内并用土覆盖。遇旱天须充分淋湿，以利肥料分解溶化。穴施的好处是防止肥料流失，肥伤较少，但吸收面窄，肥效较迟缓，花工多。一般用于春肥和过寒肥。

4. 沟施

沟施是在离蕉株30～100厘米处1～2个弧形小沟，宽15～25厘米，长35～50厘米，深8～15厘米，将肥料均匀施在沟内，然后覆土。沟施的好处除防止肥料流失和肥伤较少外，吸收面较穴施宽，肥效较穴施快，但也较花工。一般用于春肥、秋肥及过寒肥，不宜在5—7月使用，因那时蕉株细根遍布全园并露出地面，开沟易伤细根。

宝岛蕉根外追肥就是向叶面或果面喷施低依度的液态肥。根外追肥的优点是肥料易被叶片或果实直接。快速吸收，能及时补充营养，满足宝岛蕉生长发育对养分的需求，尤其是花芽分化至幼果发育时期需要大量的养分，通过根外追肥可及时补充其所需的养分，对提高宝岛蕉产量和质量起着重要的作用。另一方面，喷施叶面、果面肥，肥料吸收率可高达90%，显著高于根际施肥。但根外追肥也有不足之处，主要是每次施肥量小，需要多次施用，花费工时较多。

根外追肥使用哪种肥料，需根据土壤营养元素含量、植株缺素状况及宝岛蕉不同生育期而定，一般用尿素（不含缩二脲）、三元复合肥（氮：磷：钾为15：15：15）。磷酸二氢钾、叶面肥（如叶面宝等）以及各种微肥（硫酸锌、硫酸锰、硫酸亚铁、硼砂、中性硫酸铜等）使用浓度也应根据不同肥料种类和宝岛蕉生育期而定，如幼龄期（7～12叶期）尿素、三元复合肥为150～250倍液，成长植株至幼果期（22叶期至果实四成肉度）尿素、三元复合肥为50～100倍液，磷酸二氢钾为250～350倍液，绿旺为800～1 000倍液，硫酸镁为2 000倍液，其他各种微肥（硫酸锌等）为3 000～5 000倍液，含有生长素的叶面肥如叶面宝为8 000～10 000倍液。

根外追肥还应注意做到：使用喷雾性能好的喷雾器，雾点细而均匀；最好加0.5%的展着剂（如中性洗衣粉）；喷施时间最好在下午4时后。宝岛蕉近几年生产实践证明，根际施肥与根外追肥相结合比单一根际施肥效果好，能增加产量，又可提高果实质量，特别对果皮色泽，果实内质及耐贮藏性有较大改善，同时可节省用肥量，降低生产成本。

（四）施肥时期及分配比例

宝岛蕉施肥以有机肥为主，化肥为辅，氮、磷、钾配合，偏重钾肥施用，保证蕉株正常生长和果实膨大所需，总体原则是前促、中攻、后补，苗期以淋施或喷施叶面肥为主，有机肥使用腐熟羊粪或牛粪等，禁用含重金属和有害物质的生活垃圾、工业垃圾，化学禁用未经国家批准登记和生产的肥料，在宝岛蕉采收前10天停止追肥。为了避免发生肥害，回穴、施基肥时，应做到：①牛粪、猪粪、鸡粪、甘蔗滤泥等有机肥料必须提前堆沤，待充分腐熟后再施用；②过磷酸钙应充分打碎并过筛，然后与有机肥混匀做成基肥；③将基肥与表土混均匀后填入植穴的下半部，植穴上半部约15厘米深的表层内不含基肥，避免幼苗根系直接接触基肥。应避免以下几种常见错误：一是基肥施于穴面上，并有结块的过磷酸钙；二是回穴不满，导致水浸苗或土埋及苗的心叶；三是回土成龟背形，导致日后蕉苗浮头。

宝岛蕉施肥时期依照定植或留芽期、植株发育及生产宝岛蕉季节而有差异，而总的以蕉株的不同生育阶段进行安排。

组培苗宝岛蕉施肥可掌握攻三关：第一是攻好壮苗关。定植 3 个月内要勤施薄肥，第一次应在第一片新叶完全展开后开始，即定植后 10 天后即可开始施第一次肥，以后每 10 天左右施用一次。在定植后第二个月内，注意平衡。对于弱小植株加施肥一次，起到宝岛蕉群体内个体生长的平衡，注意施肥浓度切勿过大，用量也不宜过多，以免发生肥害（烧苗）。在定植后 3 个月内要做到精管、细管，为前期壮杆打下基础。

第二是营养生长中后期（18～29 叶期），即春植蕉种植后 3～5 个月，夏秋植蕉种植后与宿根蕉出芽定植后 5～7 个月。从叶形看，这个时期由刚抽中叶（此时刚抽出的新叶多呈弯曲像虎尾状）至大叶 1～2 片。这个时期正处于营养生长旺盛期，宝岛蕉对于养分要求十分强烈，反应最敏感，蕉株生长发育的好坏，由肥料供应丰缺决定，如果这个时候施用肥料多，蕉株获得养分充足，就能长成叶大茎粗的蕉株，进行高效的同化作用，积累大量有机物，为下阶段花芽分化打好物质基础。

第三是花芽分化期（30～40 叶期），即春植蕉种植后 5～7 个月，夏秋植蕉种植后与宿根蕉出芽定植后 7～9 个月。从叶形看，这个时期由大叶 1～2 片至短圆的葵扇叶，叶距从最疏开始转密，抽叶速度转慢；从茎干看，假茎发育至最粗，球茎（蕉头）开始上露地面；从吸芽看，已进入吸芽盛发期。这个时期正处于生殖生长的花芽分化过程，需要大量养分供幼穗生长发育，才能形成穗大果长的果穗。根据国外研究，当营养生长后期进入花芽分化时，叶片的氮素含量骤然下降，因为这时急需大量的氮素供应花芽分化使用，当根系从土壤吸收的氮不能满足需要时，氮素不得不从叶、茎等组织器官转移过来。这时需要施重肥，可促进叶片最大限度地进行同化作用，制造更多的有机物质供幼穗的形成与生长发育。

从整个生育期的分配来看，宝岛蕉抽蕾前的施肥量占全年施肥量的 70%左右产量最高，其中营养生长期施肥量占 45%～50%，花芽分化期施肥量占 20%～25%。

（五）宝岛蕉施肥量

与巴西蕉相比，宝岛蕉生育期长。在海南巴西蕉从定植开始 7—8 个月可以抽蕾，10—11 个月可以收获；宝岛蕉则普遍比巴西蕉晚 1—2 个月。因此，二者在施肥管理上存在一定差异的。条蕉产量 30 千克以上，宝岛蕉整个生育期需 N≥120 克/株、P_2O_5≥92 克/株，K_2O≥699 克/株。海南氮磷钾肥料利用率分别为：20%～30%、10%～20%、40%～60%。除去土壤自身及有机肥提供养分外，氮磷钾额外补充量为：350～450 克/株、180～250 克/株、800～1 000克/株。

以澄迈蕉园为例，组培苗新植蕉定植时间 6 月底至 7 月初，定植叶片数 7～9 片。宝岛蕉定植前每株施用 1. 5～2. 5 千克有机肥（农家肥）、0. 25 千克钙镁磷肥；定植后 7～10 天（抽 1 片新叶）施提苗肥，15-15-15 复合肥 5～8 千克/亩（30～50 克/次/株）。施用方法：离蕉头 5～10 厘米处，撒施或溶水后淋施，施用 3 次（6 片新叶）后可用水肥一体化全园喷施或滴灌施肥。大苗期施肥（定植 1 个半月后）采用水肥一体化施肥，每亩施用尿素 2. 5 千克；15-15-15 复合肥 5. 0 千克；氯化钾（硫酸钾）4. 0 千克（100 克/次/株），全部溶水后统一施用。每长 2 片新叶施用一次，施用 3 次（约长 6 片新叶）。有条件每亩可补施硫酸镁 4 千克，硫酸锌 2. 5 千克，硼砂 2. 5 千克。进入旺盛生长期，每亩施尿素 5. 0 千克；15-15-15 复合肥 10 千克；氯化钾（硫酸钾）10. 0 千克（160 克/次/株），采用水肥一体化施肥。每长 2 片新叶施一次，施用 4～5 次（长 8～10 片新叶）。有条件种植户可每亩补施硫酸镁 4 千克，硫酸锌 2. 5 千克，硼砂 2. 5 千克。进入花芽分化期时，每株有机肥 1. 5～2. 5 千克、0. 5 千克钙镁磷肥，15-5-30 复合肥 400 克/株。长 4 片新叶后进入下一时期。孕蕾期施用 10-5-35 复合肥 500 克/株。长 4 片新叶后进入下一时期，宝岛蕉接近抽蕾。抽蕾期-果实发育期：每亩施用尿素 1. 5 千克，15-15-15 复合肥 7 千克，氯化钾（硫酸钾）10 千克，施肥 10 天/次，100 克/次/株，采用水肥一体化施入。果实采收前 20 天停止施用水肥。个别株可适当补施干肥。

吸芽苗植后前期施肥与组培苗不同，吸芽苗植后 10 天，尚未出根，植后 20 天，仅生长 3～8 条根，故施肥以定植后 25～30 天为宜。此时蕉苗已抽出两片新叶，可淋灌人畜粪尿，每桶淋 4～5 株，以恢复生根，以后随蕉树的长大而加浓。每个月施肥 3 次，逐渐加浓。其余其他施肥可参考上述组培苗的方法施用。

宿根蕉园施肥主要是攻花、攻果和攻芽。在收获后才留吸芽来接替母株结果（生产春蕉），收果后重施基肥，离蕉株 30～50 厘米处开 15～20 厘米宽的环形沟，可每株施优质有机肥（如牛粪）10～20 千克，饼肥 0.5～1.0 千克和磷肥 0.25 千克，施后盖土。花芽分化前期重视追肥，可使植株多分化雌花，为丰产打下基础。在果实发育期施足肥料，可加速果实生长发育，促进果指饱满，提高产量和品质。除上述施肥期以外要注意的其他施肥时期是：种植前底肥，植后苗期期（17 片叶期前），抽蕾后壮果肥，越冬前过寒肥及越冬后早春肥。

（六）蕉园施肥注意事项

为了发挥肥料的效能，在给宝岛蕉施肥时应注意以下几点。

1. 宝岛蕉营养生长旺盛期施重肥

从定植后到花芽分化前（粗壮吸芽苗从定植后抽出 20～24 片叶，组培苗从定植后抽出 30～34 片叶），要施完全年肥料的 70%，留下 30% 到开花结果期施用。

2. 注意配合施用

在施用氮、磷、钾肥料的同时，应注意其他肥料的配合，以防止出现缺素症。要特别重视钾肥的施用量和施肥期，在正常的情况下，钾肥早施、多施有利于植株的生长发育，提高抗旱能力。

3. 注意合理施肥

要以有机肥为主，积极保持和增加土壤肥力及土壤微生物活性。提倡根据土壤分析和叶片分析的情况，进行配方施肥和平衡施肥。另外，注意速效肥和迟效肥相结合，增强蕉株抗风、抗旱和抗病虫害的能力，提高产量和品质。

4. 注意禁止施用禁用、限用的肥料

在无公害香蕉的生产中，禁止施用下列肥料：含重金属和有害物质的城市生活垃圾、污泥，医院的粪便、垃圾和工业垃圾；未经国家有关部门批准登记和生产的肥料（包括叶面肥）；硝态氮肥和未腐熟的人粪、尿。另外，应在采果前40天停止土壤追肥，在采果前30天停止喷施叶面肥。

（七）水肥一体化蕉园施肥技术

1. 喷灌

喷灌是将灌溉水、肥通过由喷灌设备组成的喷灌系统或喷灌机组，形成具有一定压力的水，由喷头喷射到空中，形成细小的水滴，均匀喷洒到土壤表面，为植物正常生长提供必要水分的一种先进施肥方法。

喷灌系统主要由四个部分组成，①水源：一般多用井泉、湖泊、水库、河流也可作为水源；水源水质应满足灌溉水质标准的要求；②首部枢纽：其作用是从水源取水，并对水进行加压、水质处理、肥料注入和系统控制；一般包括动力设备、水泵、过滤器、加药器、泄压阀、逆止阀、水表、压力表，以及控制设备，如自动灌溉 控制器、衡压变频控制装置等；③管网：其作用是将压力水、肥输送并分配到所需灌溉的绿地区域；由不同管径的管道组成，如干管、支管、毛管等，通过各种相应的管件、阀门等设备将各级管道连接成完整的管网系统；喷灌常用的塑料管有硬聚氯乙烯管（PVC-U）、聚乙烯（PE）管等；应根据需要在管网中安装必要的安全装置，如进排气阀、限压阀、泄水阀等；④喷头：喷头用于将水肥分散成水滴，如同降雨一般比较均匀地喷洒在绿地区域；喷灌的总体设计应根据地形、土壤、气象、水文、植物配置条件，通过技术经济比较确定。

常根据喷灌系统各组合后再灌溉季节中的可移动的程度，将喷灌系统分为将喷灌系统分成固定式、移动式和半固定式三类，目前宝岛蕉蕉园多采用半固定式喷灌系统。半固定式喷灌系统除系统的主要设备（水泵、动力、干管）永久固定不动外，支管及支管以下的设备是可移动的。一般系统配置2～3个轮灌组数目的移动支管，灌溉施肥轮流移动作业。半固定式喷灌系统包括人移动支管、机械移动支管和端拖式。半固定式喷灌系统较固定式喷灌降低了投资，较移动式提高了灌水、灌肥质量。

喷灌灌技术与传统灌溉、施肥相比，有其独特的优点。具体表现如下：①基本上不产生深层渗漏和地表径流，可节约用水肥20%以上，节水、节肥效果显著，易于控制；②灌水均匀，土壤不板结，减少对土壤结构的破坏，可保持原有土壤的疏松状态，避免由于过量灌溉造成的土壤次生盐碱化；③可调节果园的小气候，能冲刷植株表面灰尘，减免低温、高温、干热风对果园的危害，改善了田间小气候和农业生态环境；④节省劳力，工作效率高，便于田间机械作业，还可以与喷药结合；⑤对平整土地要求不高，地形复杂山地也可采用，适用于各种地势。

喷灌也有一定的缺点，主要表现为：①喷灌投资较高，目前半固定式喷灌如不计输变电和人工杂费，一般每亩300～500元，全包括为500～800元；固定式喷灌就更高，有的高达1 000元/亩；②喷灌受风和空气湿度影响大当风速在5.5～7.9秒即四级风以上时，能吹散水滴，使灌溉均匀性大大降低，飘移损失也会增大；空气湿度过低时，蒸发损失加大；当风速小于4.5米/秒（三级风）时，蒸发飘移损失小于10%；当风速增至9米/秒时，损失达30%；③耗能较大，为了使喷头运转和达到灌水均匀，必须给水一定压力，除自压喷灌系统外，喷灌系统都需要加压，消耗一定的能源；④水肥一体化施用，在炎热阳光强烈的天气会造成叶面灼伤。

2. 滴灌

滴灌技术是通过干管、支管和毛管上的滴头，在低压下向土壤经常缓慢地滴水、滴肥，是直接向土壤供应已过滤的水分、肥料或其他化学剂等的一种灌溉系统（图6-4）。它没有喷水或沟渠流水，只让水慢慢滴出，并在重力和毛细管的作用下进入土壤。滴入作物根部附近的水，使作物主要根区的土壤经常保持最优含水状况。这是一种先进的施肥一体化技术。

图 6-4 滴灌系统

滴灌系统主要由三部分组成，①首部枢纽：包括水泵（及动力机）、化肥罐过滤器、控制与测量仪表等；其作用是抽水、施肥、过滤，以一定的压力将一定数量的水送入干管；②管路：包括干管、支管、毛管以及必要的调节设备（如压力表、闸阀、流量调节器 等）；其作用是将加压水均匀地输送到滴头；③滴头：其作用是使水流经过微小的孔道，形成能量损失，减小其压力，使它以点滴的方式滴人土壤中；滴头通常放在土壤表面，亦可以浅埋保护；滴管系统毛管和滴头的移动性，分为固定式滴灌系统和移动式滴灌系统，固定式滴灌系统是最常见的；在这种系统中，毛管和滴头在整个灌水期内是不动的。

滴灌与传统施肥灌溉和喷灌相比，具有以下优点：①水肥的有效利用率高，在滴灌条件下，灌溉水、肥湿润部分土壤表面，可有效减少土壤水肥的无效浪费；同时，由于滴灌仅湿润作物根部附近土壤，其他区域土壤水分含量较低，因此可防止杂草的生长；滴灌系统不产生地面径流，且易掌握精确的施水深度，非常省水节肥；②环境湿度低，滴灌灌水后，土壤根系通透条件良好，通过注入水中的肥料，可以提供足够的水分和养分，使土壤水分处于能满足作物要求的稳定和较低吸力状态，灌水区域地面蒸发量也小，这样可以有效控制保护地内的湿度，使保护地中作物的病虫害的发生频率大大降低，也降低了农药的施用量；③提高宝岛蕉品质，由于滴灌能够及时适量供水、供肥，它可以在提高农作物产量的同时，提高和改善农产品的品质，使保护地的农产品商品率大大提高，经济效益高；④滴灌对地形和土壤的适应能力较强，由于滴头能够在较大的工作压力范围内工作，且滴头的出流均匀，所以滴灌适宜于地形有起伏的地块和不同种类的土壤。同时，滴灌还可减少中耕除草，也不会造成地面土壤板结；⑤省水省工，增产增收，因为灌溉时，水不在空中运动，直接损耗于蒸发的水量最少；容易控制水量，不致产生地面径流和土壤深层渗漏，故可以比喷灌节省水 35%～75%。由于株间未供应充足的水分，杂草不易生长，因而作物与杂草争夺养分的干扰大为减轻，减少了除草用工；由于作物根区能够保持着最佳供水状态和供肥状态，故能增产。

虽然滴灌有上述许多优点，但是也存在一些缺点，主要表现为滴灌系统造价较高；由于杂质、矿物质的沉淀的影响会使毛管滴头堵塞；滴灌的均匀度也不易保证；滴灌灌水量相对较小，容易造成盐分积累等问题。这些都是目前大面积推广滴灌技术的障碍。

3. 微喷灌技术

微喷灌是通过利用直接安装在毛管上，或与毛管衔接的微喷头将压力水以喷洒状湿润泥土（图 6-5）。它是在滴灌和喷灌的基础上逐步形成的一种新的灌水施肥技术。微喷灌时水流以较大的流速由微喷头喷出，在空气阻力的作用下粉碎成细小的水滴降落在地面或作物叶面。

微喷灌主要适用于地面灌溉或其他灌水方式难以保障的保护地。用微喷灌可直接实现对作物的灌溉或调节保护地室内环境湿度或温度；或通过微喷灌实现清洗作物叶面灰尘等。在高温情况下进行微喷灌可降低保护地田间近地气温 2～3℃，且可增加空气湿度，有利于宝岛蕉生长。

微喷灌系统主要由四个部分组成，①水源：微喷灌的水源应为符合农田灌溉水质要求的地上水或地下水，如河、渠、水库、塘坝、井、泉等；②控制中心位于微喷系统的首部，所以也称首部枢纽；主要包括水

图 6-5 微喷灌系统

泵、动力机、过滤器、化肥罐、阀门、压力表、水表等设备；③管网系统为输水管道和配水管道的总称，一般分为干管、支管、毛管和连接管等级数，其作用是将经过控制中心处理的水按灌溉的要求输送到田间各微喷头；另外，管网系统还包括各级管道的控制设备；④喷头是整个微喷灌系统的关键系统的关键设备，其作用是把压力水喷洒到作物根部附近的土壤表面。

根据微喷灌系统的可移动性，可将微喷灌系统分为固定式和移动式两种。固定式微喷灌系统的水源、水泵及动力机械、各级管道和微喷头均固定不动，管道埋入地下。其特点是操作管理方便，设备使用年限长。移动式微喷灌系统是指轻型机组配套的小型微喷灌系统，它的机组、管道均可移动，具有体积小、重量轻、使用灵活、设备利用率高、投资省、便于综合利用等优点。但使用寿命较短、设备运行费用高。

微喷灌技术和喷灌技术、滴灌技术等灌溉施肥技术相比，有其独特的优点。具体表现如下：①节约用水，灌溉水的利用效率高。微喷灌的节水主要体现在减少含水土壤面积、控制灌水深度，减少蒸发和渗漏损失；其次，通过选择微喷头的最适宜降水特性，使土壤湿润水的利用率得到进一步的提高；②系统组合使用方便，要体现在通过调整喷嘴和分水器，形成多种喷洒直径和降雨强度的组合，从而适应了宝岛蕉从幼树生长为成树的不同需要；某些情况下微喷灌系统还可以很容易地转化成滴灌系统；微喷头可随时调整其工作位置，如树上、行间或株间等；③节省能源，微喷头的设计工作压力一般在 15～20 米水头之间，又是局部供水，与喷灌相比大大减少了系统的供水量和扬程，节省能源的作用十分明显；④控制杂草生长，当喷洒水直径不超过树荫覆盖时尤为明显，暴露在阳光下的地面得不到水分供应，杂草相应减少；⑤受风的影响小于喷灌系统，因微喷头工作位置低，喷洒仰角小，在多风季节仍可作业；⑥可控制叶面潮湿，对于使用污水和咸水灌溉时，可防止损害作物叶片，相反当需要湿润叶面或改善田间小气候时，可将微喷头移至树冠上，还可用以防止霜冻灾害；⑦适应于山丘坡地灌溉，因为微喷灌输水管道化，灌水喷洒化，适用于多种地形，特别适应我国的客观情况；⑧节约劳力，容易实现自动化。

微喷灌技术的局限性：对水质要求较高，对灌溉水必须进行过滤。田间微喷灌易受杂草、作物茎秆的阻挡而影响喷洒质量。灌水均匀度受风影响较大。微喷灌管道一般铺设在地面，使用中会影响田间管理，增加了田间维护投入，一次性投资较大。

4. 微喷带灌溉技术

微喷带灌溉技术是指施用微喷带进行灌溉的新型灌溉技术（图 6-6）。作为其技术核心的微喷带是一种新型微灌设备，又称“喷灌带”“微灌带”“喷水带”“喷水管”“多孔软管”等。工作原理是将压力水由输水管和微喷带送到田间，通过微喷带上的出水孔，在重力和空气阻力的共同作用下形成细雨般的喷洒效果。微喷带的出水孔一般采用多孔分组方式（每组 2～12 孔），按一定距离和一定规律布设，出水孔一般采用机械钻孔、气动打孔和激光打孔，孔径为 0.1～1.2 毫米，孔形呈圆形。无水压作用时，微喷带成扁平状，可方便地卷成盘卷。注水后，在一定压力下，微喷带上的小孔出水呈射流状，将水均匀连续地喷洒到微喷带两边作物和土壤中，形成以微喷带为中心、以微喷带的铺设长度为长、喷洒幅宽为宽的湿润带。将每组单个出水孔或双出水孔的喷水带铺设在地膜下，水流在地膜的遮挡下就能形成滴灌效果。利用微喷带进行灌溉可以有效地调节大棚或田间环境湿度或温度，有利于作物生长。

图 6-6　微喷带灌溉系统

微喷带灌溉系统与微喷灌系统相同，主要由四个部分组成，分别为：①水源微喷灌的水源应为符合农田灌溉水质要求的地上水或地下水，如河、渠、水库、塘坝、井、泉等；②控制中心位于微喷系统的首部，所以也称首部枢纽。主要包括水泵、动力机、过滤器、化肥罐、阀门、压力表、水表等设备；③管网系统为输水管道和配水管道的总称，一般分为干管、支管、毛管和连接管等级数，其作用是将经过控制中心处理的水按灌溉的要求输送到田间微喷带；④微喷带是整个微喷带灌溉系统的关键设备，其作用是把水、肥喷洒到作物根部附近的土壤表面。

微喷带灌溉技术与滴喷灌技术相比，具有以下优点：①类似细雨灌溉作物，灌水均匀，不伤害作物；对土壤扰动小，保持良好的土壤性状，减轻土壤的酸碱化和盐渍化程度；②投资低廉，高效实用；安装使用简单，搬运储藏方便；③运行压力低，耗能少，降低了供水设备的投资；④改善田间小气候，减少作物因干燥、高温引起的病虫害；⑤减轻环境污染，改善农业生态环境；微喷带灌溉和施肥一体化可有效减少害虫的传播和蔓延，从而可减少农药的喷施，避免环境污染，使农业生态环境向良性循环方向发展。

微喷带灌溉技术的局限性：对水质要求较高，保持水源清洁；水质较为浑浊时，需要过滤。要求土地尽量平整、平坦，尽量避免高坡和陡坡，以防微喷带破裂。田间微喷带灌溉受、风杂草、作物茎秆的阻挡而影响喷洒质量。灌水均匀度受风影响较大。微喷带一般铺设在地面，使用中会影响田间管理，增加了田间维护投入，一次性投资较大。

六、树体管理与花果护理

（一）吸芽管理

宝岛蕉是利用地下球茎的吸芽繁衍后代，母株抽生的吸芽成为下一代的结果株。在正常情况下，每株宝岛蕉一年可抽生 10 个左右吸芽，吸芽的大量产生及生长，必将影响母株的正常生长发育。此外，在选留吸芽时，应根据母株的生长发育状态、吸芽的抽生规律以及栽培水平等灵活掌握，使被选留的吸芽能茁壮发育，成为下一代的结果株。

1. 吸芽的种类及特点

同一母株上抽生的吸芽，通常是由球茎最低位置的芽先抽生，以后逐个在球茎较高的位置上长出。吸芽按其着生的部位和抽生次序的先后，将吸芽分为以下几种。

一是头路芽。也称子午芽、正芽，为成长中的母株首次抽出的吸芽。头路芽从母株球茎和已收果的残茎相对一端长出，位置较深，与母株接触面大，从母株吸取养分多，一般会影响母株的生长，推迟母株抽蕾约 20～30 天，降低产量约 3～7 千克。因此，在栽培上一般不在春夏季留头路芽接替母株，而留二路芽为好。

二是二路芽，是指成长中的母株第二次抽生的吸芽。由于这种类型的吸芽多生于母株球茎两侧、故又称为“八字芽”或“侧芽”。二路芽位置较浅，对母株影响较小，生长比头路芽快，所以，在生产上多选留二路芽接替母株。

三是三路芽，是指从母株中第三次抽生的吸芽。从第三次以后抽生的第四、第五个吸芽一次分别是四路芽、五路芽，照此类推。越迟抽生的吸芽，离地面越前，容易出现“露头”。这类芽，组织部坚实，初期生长迅速，但到后期生长缓慢，根系较少，易遭受风害。在生产行一般不选留接替母株，但可以作为繁殖材料。

2. 吸芽的抽生规律

吸芽数量、质量与母株生长发育状况、气候及水肥条件等密切相关。一般来说，生长壮旺的母株抽生的吸芽多而粗壮；相反，生长衰弱的植株抽生的吸芽少而差。母株采收期早，抽生的吸芽早而快，进入开花结果期亦早；母株在营养生长初期发生的吸芽，会影响母株正常生长发育，影响母株产量及品质。在母株开花结果阶段，吸芽生长受到一定的抑制。所在在栽培中应根据母株的生长发育状况及吸芽的着生部位，选留合适的吸芽，然后将地下球茎多余的吸芽及时割除，以确保母株和吸芽的正常生长，以达到优质丰产的栽培目的。吸芽的生长对着季节的变化有较大的差异。每年 2 月气温回暖之后吸芽开始萌发，生长缓慢；4—9 月高温多雨季节吸芽生长快而多，是一年中抽芽最多、生长最快的时期；10 月后雨量减少，抽芽减少；12 月至次年 2 月中旬基本上很少抽芽。不同栽培条件，其吸芽的生长有所不同。在良好的栽培条件下，母株抽生的吸芽次数和数量多而快；管理水平差的蕉园，抽生吸芽次数和数量少而慢。特别地势高或无灌溉条件的蕉园，抽生的吸芽更少，已抽生的吸芽生长也比较缓慢。

3. 留芽

宝岛蕉为无性繁殖，故宿根蕉园需留芽才能繁衍后代。但同一母株上抽生的吸芽有先后，加上栽培方式不同，其留芽期、留芽的种类及方法有很大的差异。因此留芽是栽培上的一项重要措施，选择合适的吸芽，既能在理想的季节抽蕾结果和采收，又不影响母株的抽蕾结果和产量。目前宝岛蕉有多种的栽培方式，如新植蕉、单造蕉和多造蕉，它们的留芽时期、种类和方法略有不同，但必须坚持以下原则：一是选择健壮、着生深度适中的吸芽；选留头大尾尖、着生深度 10 厘米左右的二、三路芽，大小整齐一致。二是在留芽时，先确定留芽位置后选芽，不留畦边芽、沟边芽或太近母株的芽（吸芽离母株 12～15 厘米为宜），以保持合理的株行距，使蕉株之间都有良好的光照条件，以提高光合效能。三是根据母株的生长状况留芽，过早过迟留芽对母株和吸芽的生长极为不利；一般适宜的留芽期应在母株已展开大叶 5～6 片时选留合适吸芽。四是根据吸芽的抽生规律留芽。一般春夏季节吸芽发生数量多，秋后吸芽发生数量少。故可在春夏季选留吸芽，而在秋季见芽就留，以免缺苗。五是根据气候留芽。在冬季温度偏低地区，宜选留 6—7 月抽出的吸芽，生产正造蕉，避免植株在冬季抽蕾，以免遭受冷害，影响产量。

目前，生产上多采用单株留芽，即每株母蕉仅留 1 个芽。留芽方法主要根据留芽原则，依新植蕉和宿根蕉有所不同。组织培养苗，春植的留芽时间为当年的 6—8 月，夏植（4—6 月）的留芽时间为 10 月至次年 2 月间，秋植的留芽时间为次年的 4—6 月。宿根单造蕉留芽依收获期而定。只收正造蕉（9—10 月），留芽适合时期为 9 月下旬；只收春夏蕉（3—5 月），留芽适合时期为 10 月至次年 2 月。

4. 锄芽

环生于母株球茎的吸芽很多，这些吸芽都有可能生长发育成下一代的结果母株。但是，每株宝岛蕉在一年内只能选留 1～2 个合适吸芽，作为次年的结果母株。其余的吸芽要及时切除。通常以吸芽出土后 15～30 厘米高时除芽为宜。如果吸芽切除不及时或不适当，会不断消耗母株大量营养物质，影响母株的生长发育和产量，同时也影响母株的子株生长。所以，在选定接替母株的吸芽后，见到新芽露出地面时要及时切除。此时吸芽幼小，对母株牵制作用小，对母株的球茎伤害较轻。在用蕉锹除芽时，要尽量减少伤害母株球茎及附近的根群，防止机械擦伤而引起球茎腐烂。在沿海台风多地区，可以用利刀将吸芽补上切除，并用刀尖挖除中心生长点，或在生长点滴少量煤油、草甘膦或 2，4-D，以达到除芽的目的。这样除芽方法，母株比较牢固不动摇，根部没有受损伤，蕉株不易倒伏。

（二）立桩防风（顶杆）

我国海南、广东、福建和广西部分区域宝宝岛蕉蕉园一般都位于台风频发地域，宝岛蕉在抽蕾之后，果串越大，其假茎所承受的压力就越大，台风季节宝岛蕉假茎极易折倒，故在最后结实期间，种植户必须对蕉果及宝岛蕉假茎进行立柱防风。在夏季台风来临之前，1.5 米以上高度的蕉株都应立桩防风，抽蕾后的蕉株应注意避免果穗与桩接触而被刮花，绑蕉桩的绳子宜用较宽的尼龙或布带，以免勒伤母株；未抽蕾的假茎一般不扎死，而是松套着，台风吹来可以来回摆动，这样，叶片也不易被吹断。

立桩防风的方式有多种：①后桩式，这是广东高州蕉农采用的方法。用较长（5～6 米）的杉木在果穗反向挖一个 60 厘米左右深的洞，立下桩并绑住假茎中部、上部和果轴。②前桩式，这是珠江三角洲蕉区采用的方法。在果穗下弯前方与假茎之间下方挖一个 60 厘米左右深的洞，将 4 米左右长的毛竹种下，中部以及果轴交接处用绳子扎紧，为防止绳子在竹子上打滑，应先在竹子上扎紧再绑蕉轴。③双竹式，广东清远等地蕉农采用的方法。将两条长度接近的竹子绑住末端，然后张开，支撑住假茎倾斜方向。④树叉支撑式，用有叉的小树或大树枝支撑住挂果倾斜的植株，或用木桩、竹子绑扎倾斜植株的把头或果轴。⑤竹叉式，这是以上第三种方法的扩展。用一根长竹（4 米左右）和一根短竹（1 米以内）绑成一个叉状，支撑住倾斜的蕉株，如果蕉株较高（3.5 米以上）、产量高于 30 千克，须加多一根竹辅助。⑥绳带式，利用较宽的绳带如 PVC 塑料带、布带等将蕉株中上部绑住，与周围蕉株成连环马状，周围的植株则在地上打桩固定如拉电线杆状。⑦吊绳式，菲律宾商品蕉园采用的方法。在 5 米高空拉纲缆，再放下吊绳吊住果轴，减少果穗对假茎的压力以防倒伏。

（三）校　蕾

校蕾是指宝岛蕉抽出花蕾后，有些叶柄阻碍了花蕾往下垂，因此需及时校正花蕾。宝岛蕉花蕾具有向下垂生的特性。大多数宝岛蕉植株花蕾抽出后都能正常下垂，但也有些蕉株的花蕾被叶柄阻挡而不能垂下，如果任其继续下去，由于果实不断生长发育，重量逐渐增加而把叶柄压断，随之果穗就会失去依托而折断。因此，在蕉株抽蕾期间必须经常检查，如果发现上述现象，应及早校正花蕾，把花蕾移到叶柄侧边，使花蕾能顺利下垂生长。

（四）断　蕾

断蕾是指宝岛蕉雌花开放结束后，有 2～3 梳花开放不结果时，即将花蕾割除。宝岛蕉花序开放的次序是，基部雌花先开，接着开中性花，最后开雄花。中性花和雄花不能结成果实，如任其自然生长，会消耗大量养分，影果实发育，延迟采收期，降低产量，因此，在雌花开放结束后及时将花蕾割除，让养分集中供应果实发育。摘除花蕾时应留一段果轴，以便于采收时手握末端果轴好操作。宝岛蕉花絮开放后，一株果穗能留多少果梳要根据土壤的肥力和气候而定。总的来说，保留果梳宜少不宜多。果梳留的太多，不但影响产量，而且影响质量和效益。一般每株留 8～10 个果疏就足够；立秋后断蕾的，一般留 7～9 个为宜。

断蕾一般可在雌花开放结果后进行。待果穗下垂，根据留梳梳的多少，在其所留最后一梳间隔 1～2 个果梳处，用利刀一下切断花蕾，然后把多余果梳中的花序都除去，最后的果梳只留 1 个果指。这样既不因多留果梳而影响质量，又不至于因切断处腐烂而影响尾蕉生长。断蕾时间，应在晴天午后叶片边缘下垂，蕉株树液较少流动时断蕾。雨天或有浓雾不宜断蕾，因此时树液较多流动，断蕾后伤口不易愈合，病菌易侵入而引起腐烂。同时蕉液大量渗出，也影响蕉果的生长发育。

（五）抹　花

宝岛蕉抹花是提高宝岛蕉品质和外观质量的关键技术之一。宝岛蕉通过抹花一是可以集中所有的养分供成蕉果实生长，可节约肥料 20%以上；二是在幼蕉果实成长后相互簇拥时，避免了被枯萎而变硬且尖利的宝岛蕉干花所刺伤、划破宝岛蕉皮表，减少宝岛蕉果实的机械损伤，使宝岛蕉的好果率提高15%以上；三是避免了“宝岛蕉干花”扎穿套在宝岛蕉果上的防晒保色袋、防寒袋，确保“套袋”技术的作用发挥到位。宝岛蕉抹花的主要做法是：选择在宝岛蕉的果指已伸开，尚是垂直，还没有向上转弯，手触花瓣易脱落时进行。抹花工作分2次完成，即掌握在花蕾上部已伸开有3～4梳蕉梳时，抹去上部3～4梳的蕉花，抹花前先用旧报纸、牛皮纸或用蕉干叶，将蕉梳与梳之间垫好，以防抹花时蕉果流出汁液污染果指，然后从上往下逐梳抹去所有蕉梳上的蕉花，把每个果指末端的花柱（柱头）及花瓣全部抹掉。余下的蕉梳蕉花待在疏果、断蕾时，再抹除。在每次抹花后，即用70%的甲基托布津可湿性粉剂1 000倍液或75%百菌清可湿性粉剂600～800倍液杀菌剂喷施保护伤口。

（六）疏　果

宝岛蕉果穗的果数太多时对蕉果指增长增粗不利，也会影响果穗上下大小不称匀，影响产品的商品价值。为提高宝岛蕉果实的商品等级，使果穗上下大小较均匀，应对结果多的宝岛蕉植株适当进行疏果。宝岛蕉每株结果可达到13梳以上，少的也有7～8梳，每穗梳数及果指数的多少，因植株长势不同而异。蕉梳数及果指数过多会影响果实增长增粗，果实不均匀。宝岛蕉果穗疏果是在宝岛蕉断蕾后，把不满梳的果指割除，疏果的多少应根据不同的蕉株的青叶数以及果实的发育情况而定。如青叶数有8～10张，有11～12梳的果穗的应疏去尾部4梳，留7～8梳；有13～14梳的果穗应疏去尾部4梳，留9～10梳；其他的蕉穗留7～8梳为宜，一般疏去尾部不结实的2梳。疏果时，第一梳果数较少、生长不整齐，往往有返梳现象，注意把过密、生长不整齐的蕉条割除，发育不良果指或双生连果指等均不保留，也应疏去。让留下的蕉条有位置均衡生长，促使梳形整齐，商品率提高。疏果与断蕾一起操作，疏果时最后的尾梳最好选留1～2个好的果指，于晴天中午进行疏果。疏果后，待蕉轴伤口液汁停止溢出时，用5%霉能灵可湿性粉剂300～

400 倍液或 10%宝丽安（多氧霉素）可湿性粉剂 500 倍液刷伤口，以防病菌感染引起果轴果柄腐烂。同时，将果指尖端的花柱和花被摘除，如果果指尖端的花柱留到采收后摘除，伤口流出的蕉乳会污染果指，影响果实外观。

（七）垫把及套袋

宝岛蕉抹花、断蕾后 7～10 天，在蕉果指向上弯曲、蕉皮转青时结合果穗套袋，选择在晴天上午，用 2.5% 功夫（三氟氯氰菊酯）乳油 3 000倍液加 25% 阿米西达悬浮剂 1 500倍液或 10%高效灭百可乳油 2 000倍液加 25%阿米西达悬浮剂 1 500倍液均匀喷洒 1 次蕉果，喷药时还可加营养剂（如绿芬威、高美施、喷施宝等）一起喷施壮果，待药液干后，蕉梳与梳之间再垫上一层干净的珍珠棉垫或双面光滑的牛皮纸，避免梳间蕉指的摩擦受伤，垫好后用珍珠棉薄膜双层套袋将果穗套好。目前，我国多采用打孔的多为 0.02～0.03 毫米厚的浅蓝色 PE 薄膜袋，一般长 1.2 米，宽（周径）1.6 米，两头通。套袋后，上袋口同果轴用绳子扎紧，下袋口不绑或稍绑。果轴末端绑上彩带，一般 7 天或 10 天套袋一批，变换一种颜色，并记录时间，以便于判断果实成熟度，估计收获时间和分批采收。套袋既可有效调节套袋内果实生长环境，又避免了风、雨、强光、农药、灰尘、病虫害等对果皮的刺激或危害，减少了病虫斑、机械伤斑、药斑而保持果面洁净；并可防止机械擦伤和碰伤，减少农药使用次数，可达到生产无公害果品的要求。同时套袋还能起到调节温度，有利果实膨大，果梳上下生长均匀，果皮青秀光洁，提高果指级别和品质，可提早 7～10 天上市，卖相卖价好。

宝岛蕉套袋后的管理：根据果穗套袋时间绑扎不同颜色的绳子，夏天 1 周换一次，冬季 2～3 周换一次；宝岛蕉套袋后如果气温高于 23℃，袋内温度高于 28℃，湿度高于 85%，容易诱发真菌病害，要开袋通风，并喷药防治，可在袋子中上部开几个孔透气，也有套袋时顶部留孔透气的。果轴下部如果不够垂直会导致尾梳果指发育不良，可在底部挂重物或用绳子牵拉到垂直的位置。宝岛蕉套袋作业的同时注意把有妨碍果稳发育的叶片移开、折断或割去，以免风吹动时碰到果穗划伤果皮。宝岛蕉套袋后气温在20℃以上时，袋内空气湿度过高，容易引发霉菌滋生，诱发煤烟病、炭疽病等，影响果实品质。特别是没有除花的果穗，在高温天要开袋透气，或在顶部开口、揭开袋子喷药防病。

（八）收获后假茎处理

宝岛蕉收获后，一般对母株的茎叶进行砍伐清理，以免影响下一代蕉株的生长，并减少害虫的危害。有些蕉区为管理方便，将母株假茎砍倒在地面；也有只割除母株上的叶片，不砍除假茎，让其自然腐烂，或者保留假茎在100厘米左右。母株假茎砍伐假茎高度不同，对后代植株生长结果影响较大。据报道，保留茎干200厘米，其下一代植株的生育期可缩短18天，果数多25个，单株增产12%。说明母株假茎与子代植株生长发育有密切关系。因为宝岛蕉采收后，母株假茎仍然储存着大量的养分和水分，这些养分和水分可回流到球茎上，不断地供给子代植株进行生长。因此，采果后母株假茎应保留150厘米左右的高度，以利于子代正常的生长。一般保留假茎高度的50%～100%，视品种高矮而定，高秆品种可砍一半，矮杆品种则全个假茎保留，宝岛蕉类中杆品种则处于两者之间。但必须做好象鼻虫防治工作，因残茎留下一段时间自然会腐烂，引致象鼻虫的危害。所以，要求处理后不久，必须在残留的假茎上喷杀虫剂，3个月后将残茎砍掉，预防象鼻虫为害新植株。

（九）保　叶

宝岛蕉的产量与蕉株叶片的数量有较大关系，叶片越多，产量越高，果实发育到成熟所需时间越短。因此，生产上要求促使蕉株抽出尽可能多的叶片，并尽可能保持绿叶不脱落。宝岛蕉断蕾后至少要保留10～12片健壮叶片，高产蕉株在开花时保持有完整绿叶13～15片。为害叶片的主要病虫害有叶斑病、黑星病、卷叶虫和红蜘蛛等。5—10月台风雨后用敌力脱、必扑尔、富力库、代森锰锌等交替喷施，防治叶斑病，平均防效达87%～95%。在高温高湿多雨季节，用百菌清、代森锰锌等防黑星病，防效达92%～98%。宝岛蕉抽蕾时青叶保持10片以上，果实收获时仍保留青叶8片以上。

（十）枯叶、旧蕉头的处理

正常情况下，宝岛蕉叶片生长80～90天之后便衰老，出现枯黄，失去了生理机能。为减少病虫源，在生长过程中可随时将枯叶割除，保持蕉园整洁。此外，每年春暖之后要及时清园，割除枯叶及腐烂的叶鞘，杀死越冬的害虫。其做法是：切除枯叶时，用锋利刀逐层向内割，切口要向内倾斜，以免叶鞘切口积水腐烂。

宝岛蕉采果后虽然假茎已经枯死，但地下球茎仍然继续生存，在1～2年内球茎还可以抽出细弱的大叶芽。如果不及时将隔年的旧蕉头挖除，让其自然生长，会继续消耗养分，阻碍子株球茎和根系的生长，故每年应将隔年蕉头挖除。

第七章　宝岛蕉病虫害综合防治

宝岛蕉在整个生育期，遭受多种病虫害的危害，严重影响其产量与质量。宝岛蕉种植能否获得成功，病虫害防治至关重要。宝岛蕉病虫害种类很多，主要病害有束顶病、花叶心腐病、黑星病、枯萎病、炭疽病、轴腐病、叶斑病、根线虫病等。主要虫害有叶片的卷叶虫、假茎象甲、球茎象甲、花蓟马、斜纹夜蛾、蚜虫、冠网蝽等。因此，应进行病虫害预测预报，根据病虫害发生规律进行综合防治，才能达到防治的效果。

一、宝岛蕉病害的识别及防治

（一）束顶病

束顶病俗称蕉公、虾蕉、葱蕉，是宝岛蕉生产上一种分布十分广泛的毁灭性病毒病害。在我国广东、广西、海南、云南、台湾、福建等各宝岛蕉产地均有不同程度的发生，以旧蕉园发病较为严重，受害蕉园病株率一般在 5%～10%，严重的可达 20%～40%，受害后植株矮化、结果少而小，丧失商品价值。

1. 症状

宝岛蕉束顶病症状见图 7-1。由于新长出的叶片一片比一片窄小、硬直，并成束丛生于假茎顶端，形成束顶的树冠和矮缩的植株。病株产生特征性的“青筋”。病叶边缘退绿变黄，并产生浓绿色斑短线状条纹。由于这些条斑断断续续密布于中脉或平行脉上，所以产生“青筋”症状。在叶柄和护蕾叶上也发生“青筋”。“青筋”是宝岛蕉束顶病诊断的

图 7-1　宝岛蕉束顶病症状

最可靠特征之一，病株分蘖、丛生，长出的吸芽比正常植株多 2～3 倍。根头变红紫色，根系腐烂或变紫色，难发新根。蕉株后期感病虽能抽出花序，但雄花花瓣外卷，易脱落，花瓣边缘灰白色，内缘浓绿色，此时叶片已长齐，不表现“束顶”症状，但嫩叶叶脉有浓绿色条纹，且多不开花结果，因而也称为“蕉公”。若现蕾时发病，抽出的果穗不弯，称“指天蕉”，果指短小，果端细如指头，果肉脆，且味淡，无商品价值。

2. 病源与发生特点

病原为宝岛蕉束顶病毒（Banana Bunchy Top Banavirus，BBTV），为半持久性病毒，属黄矮病毒组。该病毒主要借带病吸芽和宝岛蕉交脉蚜传播，带病毒的蕉株吸芽可以远距离传播，成为蕉株初次发病的主要病原，而机械损伤、汁液摩擦和土壤不能传病。

宝岛蕉各生育期均可发病，发病严重程度与品种量、种植年限、宝岛蕉交脉蚜数量、栽培管理措施、气候等因素有关，而传播媒介宝岛蕉交脉蚜危害猖獗和栽培管理粗放，则是病害严重发生与流行的主要因素。用试管苗种植旧蕉地，当造发病率较低，但宿根蕉发病较重。以气候条件来说，天旱少雨气温高，交脉蚜容易发生，而且会产生较多的有翅交脉蚜，有翅交脉蚜活动猖獗时带毒传播率高，病害发生率也就较高。4—6 月为发病盛期，主要是上一年宝岛蕉交脉蚜发生多，而此时刚抽生不久的吸芽生长慢，易感蚜虫，带毒的吸芽在春暖快速生长时就发病了。

3. 防治措施

宝岛蕉束顶病是宝岛蕉的一种毁灭性病害，该病属病毒病，目前仍无药可治，应采取以农业防治为主、化学药物防治为辅的综合防治措施。主要防治措施有如下。

（1）培育无毒苗。组培苗多用外植体必须从无病果园选取，且必须严格遵守检疫程序进行病毒检测，第一代组培苗要送交有关部门进行生物和血清测定，确定不带毒之后才能繁殖，反之必须及时销毁。组培苗培育苗圃应选建在周围2～3千米内无宝岛蕉种植园的地方，必要时可在苗圃四周加设60目的防虫网，圃中组培苗必须每隔7～10天使用杀虫剂防治病毒传播媒介昆虫。

（2）加强检疫。推广脱毒试管苗，防止病原菌随带毒吸芽扩散。及时清除病株或可疑病株。蕉园附近不要种植木瓜、黄瓜、番茄和辣椒等易感病毒病的植物。经常进行果园巡查，发现病株或可疑病株应立即使用杀虫剂灭蚜后人工挖除或利用除草剂灭。病株不除，病根存在，蔓延危险大，有些蕉农舍不得花工，任病株自生自灭，或砍掉随意丢弃，造成传播。病穴可施石灰消毒，或用药杀死土表残留的宝岛蕉交脉蚜。若病株较多，亦可在叶鞘部灌注10%草甘磷除草剂6～10毫升杀死病株。

（3）勤施薄施微肥，合理比例施用氮、磷、钾。提高抗性和免疫力，切忌偏施氮肥，增强蕉株抗病力；注意排水，增强土壤通透性，促进根系生长；发现病株及时使用杀虫剂灭除蚜虫后进行人工挖除销毁或利用除草剂注射假茎灭除病株，杜绝菌源。使用草甘膦原液或对成10倍液通过茎秆注射灭除病株，每株10～15毫升。

（4）及时更新改种。每2～3年定期更新蕉园或与甘蔗、水稻、大豆或花生等作物轮作，减少侵染源累积，降低发病风险；对发病率达30%左右的重病园，应使用杀虫剂进行灭蚜后彻底挖除及处理病株残体，然后更新种植宝岛蕉无病毒组培苗或粉蕉、大蕉等抗性宝岛蕉类型。

（5）防治传毒媒介。主要是消灭传播媒介—蚜虫，从移植开始定期喷施杀虫剂杀灭蚜虫，苗期10～15天喷一次，成株每月喷一次，在束顶病高发期每个月喷2～3次。选用吡虫啉、啶虫脒、抗蚜威、氯氟氰菊酯、溴氰菊酯等药剂定期喷雾灭杀蚜虫，喷施植株叶片、心叶和叶柄，重点喷洒蚜虫聚生的吸芽和成年植株的把头处。可以使用10%吡虫啉可湿性粉剂3 000～4 000倍液，50%抗蚜威可湿性粉剂1 000～1 200倍液，或2.5%氯氟氰菊酯乳油2 500倍液，2.5%溴氰菊酯乳油2 500～5 000倍液，10%氯氰菊酯乳油1 500～3 000倍液，90%敌百虫800～1 000倍液等定期喷杀蚜虫。

（二）花叶心腐病

花叶心腐病又称花叶病、心腐病，于1924年在国外发现，现已成为重要病害之一。我国广东省于1974年在广州郊区、东莞、中山、顺德陆续发现，以后逐渐扩大蔓延。现在广东、广西、福建、云南等均有该病。广东的珠江三角洲为重发病区，有些蕉园发病率高达90%以上，甚至比宝岛蕉束顶病危害还大，尤其是推广组培苗种植时，忽视苗期的保护，造成严重的损失。

1. 症状

宝岛蕉花叶心腐病症状见图7-2。在病株叶片出现断续的长短不一的退绿黄色条斑、菱形或不规则黄斑，叶片老熟时叶斑变为黄褐色或紫黑色，最后呈坏死斑。这些条纹或圈斑普遍分布在整片叶，或者是发生在叶片的局部，由叶缘向主脉方向延伸，呈长带状的花叶斑驳状，叶脉稍凸现，病株叶缘有时稍微卷曲，顶部叶片有扭曲、畸形和变小的现象，症状以靠近顶部的1～2个新叶最明显，严重时整叶片呈黄色条纹与绿色相间的花叶病状。病株通常较弱、矮化，多数不能抽蕾，抽蕾的果实也不能正常生长。病株心叶及假茎内部出现水渍状病部，随后坏死变黑褐色而腐烂。把假茎纵切可以看到病部成长条状（或许多坏死斑排列成长条状），横切则成块状。腐烂病部有时甚至可以发生在根茎部里面。此病在宝岛蕉从幼株到抽蕾现花都能发病。

2. 病源与发生特点

病源为黄瓜花叶病毒宝岛蕉株系。该病毒的寄主范围很广，除宝岛蕉外，黄瓜等葫芦科作物，番茄、辣椒等茄科作物，油菜等十字花科作物，玉米等禾本科作物，以及一些杂草等近 800 种植物，都是其寄主植物。而且蕉园间种的寄主作物及杂草更易导致该病的发生。该病的初次侵染主要是带毒种苗及园内感病的间作物和杂草。幼嫩的组培苗对该病极敏感，感病后 1～3 个月即可发病，吸芽苗则较耐病，且潜育期较长，一般几个月，有时长达 12～18 个月。该病毒的传播媒介很多，有棉蚜、玉米蚜、黍蚜、等多种蚜虫，以不持续方式传播。宝岛蕉交脉蚜可以传播该病毒，但传播能力很低。此外，该病毒可以通过汁液摩擦或机械接触方式传播。病株汁液可传染，但土壤未见传病。本病的潜育期可长达 12～18 个月。

图 7–2　宝岛蕉花叶心腐病症状

该病的发生程度取决于种苗的带毒性及抗病力，果园及其附近感病植物（如宝岛蕉间作物、杂草等)，蚜虫的种类、数量及传播环境条件。目前发病严重的是用组培苗种植的蕉园，主要与下列因素有关：一是种苗带毒，多为育苗时防虫措施不周或从病蕉园取种芽繁殖的种苗带毒。二是在病区采用太幼嫩的组培苗种植。一般苗株高 15 厘米以上、叶龄 8 片以上的组培苗较耐病，株高 1 米以上的蕉株很少发病。三是种后初期杂草丛生或间种病毒寄主作物。据调查，间种油菜、辣椒等的发病率高的达 70%～90%，间种绿豆、花生、马铃薯的发病率一般不高于 3%。四是在蚜虫发生严重的高温干旱季节（夏秋）用嫩苗种植，且没有防护措施。高湿多雨的春植一般较少发病。

3. 防治措施

（1）实行检疫制度，采用无病种苗。用于组培繁殖的种源要经检疫确认无病后才大规模生产。组培苗的假植要有防虫措施（包括育苗棚设 36～40 目防虫网，远离蕉园及定期喷药杀蚜虫）。用吸芽苗种植的，要从无病蕉园取吸芽，不要从病区调运吸芽。

（2）病区种植组培苗，要培育老壮苗，春植宜早；争取高温干旱天气时移栽，苗已长大有抗性。一般不采用夏秋植。

（3）不要间种病毒寄主作物如黄瓜等葫芦科，番茄和辣椒等茄科、油菜等十字花科作物及玉米、桃等作物。勤除杂草。杂草多时使用除草剂最好加入杀虫剂兼杀蚜虫。

（4）苗期要加强防虫防病工作。10～15 天喷 1 次黑蚜星或劈蚜雾等杀蚜虫，同时加喷一些助长剂（如叶面宝等）和防病毒剂（如植病灵 1 000倍液或 0.1%硫酸锌液），提高蕉株的抗病力，尤其是高温干旱季节。

（5）及时挖除病株，把病株切块晒干，用吸芽苗补种。重发病蕉园应采用吸芽苗种植或轮种其他非寄主作物。

（三）黑星病

宝岛蕉黑星病又名雀斑、痣病、黑痣病，是蕉类非常见性病害，也是近年来宝岛蕉产区发生较为普遍的病害，该病害主要为害宝岛蕉叶片和果实，致使感病叶片迅速干枯，果实发黑腐烂，从而降低宝岛蕉的产量和售价。

1. 症状

宝岛蕉黑心病症状见图 7-3。发病初期，在宝岛蕉下部叶片的叶脉周边或果实上产生许多散生或群生的突起小黑斑（分生孢子），后期变褐色，叶脉及周边发黄，并向老叶上部叶片蔓延，可达顶叶（但嫩叶很少发病）。挂果后，青绿色的果皮逐渐出现许多小黑粒，果穗向外一侧发病多于内侧，严重时穗轴及蕉果内侧也集生大量微小黑粒。果实成熟时，在小黑粒的周缘会形成褐色的晕斑，后期晕斑部分的组织腐烂下陷，小黑粒的突起更为明显。

图 7–3　宝岛蕉黑心病症状

2. 病源与发生特点

该病的病原是一种称香蕉大茎点霉的真菌，属半知菌。分生孢子器半内生于叶片组织中，褐色。圆锥形，无色，单胞，少双胞。孢子成熟后在有水时从孔口涌出。病菌的分生孢子是主要传染源。病菌的传播是通过雨水溅射，把病叶上的分生孢子传到健叶与果实上，分生孢子萌发形成分生孢子器（即小黑粒），当露水与雨水流动时病菌随水流动传染。高温多雨季节或果实膨大至成熟期容易流行发病。果园地势低洼、积水、园内湿度高也会导致病害发生严重。高肥、密植的蕉园多病；挂果后期最易感病。由于雨露水有利于病害发生，因此宝岛蕉黑星病在 4—10 月发生较重。

3. 防治措施

（1）农业防治。宝岛蕉试管苗蕉园黑星病菌源数量较多，蕉株抗病能力较差，留芽宿根蕉园能有效克服这些问题。搞好果园卫生，清除老叶、下层病叶及残株并集中烧毁，及时抹除果指残存花器，降低果园菌源基数。疏通蕉园排灌沟渠，避免雨季积水；不偏施氮肥，增施有机肥和钾肥，提高植株抗病力。抽蕾后及时套袋，减少病菌侵入。

（2）化学防治。宝岛蕉上的网蝽和花蓟马为害造成的伤口会加重黑星病的流行，在宝岛蕉抽蕾初期应注意加以防治，药剂选用25%阿克泰7 500倍液、3%啶虫脒1 500倍液等。叶片出现症状即进行药剂防治；宝岛蕉现蕾前15天至断蕾后套袋前是喷药的关键时期，每隔7～15天喷一次，连续喷2～3次后套袋护果。春植宝岛蕉果实断蕾后20～30天是套袋较好的时机，用75%百菌清可湿性粉剂800～1 000倍液，或70%甲基托布津可湿性粉剂800～1 000倍液，或40%灭病威胶悬剂600～800倍液喷雾叶片及果实，尤其应在果实断蕾后套袋前喷果为佳。

可选用吡唑醚菌酯、氟硅唑、腈菌唑、苯醚甲环唑、戊唑醇、肟菌酯·戊唑醇等杀菌剂喷施果实和叶片进行预防与治疗。轮换使用各种类型农药，避免病菌产生抗药性，提高防治效果。幼果期施药要使用较低的浓度，不要多种农药混用，不宜使用腈菌唑等三唑类药剂，避免产生药害。叶斑病和黑星病常混合发生，在叶斑病与黑星病同时流行的季节尽量少用丙环唑类农药或选用一些对黑星病菌较有效的农药与丙环唑混合使用，减少丙环唑的用药次数，最好选用苯醚甲环唑、咪鲜胺等农药与丙环噢轮换使用。

（四）枯萎病

详细见第二章。

（五）叶斑病

香蕉叶斑病（图7-4），早在20世纪30年代初期已经在中美洲和南太平洋地区普遍发生，20世纪70年代在我国的台湾、海南、广东等香蕉产区普遍发生。宝岛蕉叶斑病也属于常见病害。宝岛蕉叶斑病按其病原菌不同划分，有黄叶斑病亦称褐缘灰斑病、黑叶斑病即煤纹病、暗双孢叶斑病即灰纹病、叶腐病等。其中以前 3 种较常见，而又以黄叶斑病的发生和危害为国内外最多见、发生量最大。叶片病害影响蕉株生长速度、生育期、抗性、产量和品质。因此，叶斑病防治是否及时有效，是宝岛蕉种植是否赚钱的关键措施。在病害流行年份，叶片受害面积为 20%～40%，严重时达 80%以上，病株产量减少，果实品质下降，严重时减产 50%以上。图 7-4 为宝岛蕉叶斑病症状。

图 7-4　宝岛蕉叶斑病症状

1. 黄叶斑病

症状：发病初期是在植株顶部第三或第四片嫩叶上表面出现细小的黄绿色病纹，病纹与叶脉平行纵向扩展，形成黄绿色或黄色条纹，之后条纹再扩展形成暗色斑块，出现水渍状，中央变褐色或锈红色，边缘有黄色晕圈环绕，以后斑块或条纹的中央组织干枯。发病严重时，多个病斑或条纹相互融合，周围组织坏死，叶片大面积变黑干枯和迅速死亡。

病源及传染途径：病源为香蕉尾孢菌。病菌分生孢子靠风雨传播，春秋两季气温在 27℃左右发病，高湿条件下发病较严重。

2. 煤纹病

症状：病斑多发生在中下层叶片边缘，近圆形暗褐色，斑面轮纹较明显，故也称为轮纹并，病斑有暗褐色霉状物。

病源及传染途径：病源为香蕉小窦氏菌，叶片背面的分生孢子靠风雨传播，感染叶片。

3. 灰纹病

症状：在老叶发生，病斑为椭圆形、褐色，进而扩大为中央灰色，具轮纹，周围深褐色病斑，雨季病部与健部交界处出现浅黄色的5～20毫米退绿宽带，晚秋以后坏死带转为灰白色，质脆，其上有小黑点。

病源及传染途径：病源为香蕉双孢菌。病菌分生孢子靠风雨传播，在叶片潮湿时感染叶片，在叶片抗性差时发病，高温高湿条件下发病较严重。

4. 叶瘟病

症状：发生于薄膜大棚中的组培苗，初期为锈红色小点，随后扩展为和枞阳浅褐色边缘锈红色，呈梭形，轮纹明显，潮湿时病斑产生霉状物。

病源及传染途径：病源为香蕉灰犁孢菌。在潮湿环境下产生大量分生孢子，靠气流传播。

5. 防治方法

（1）加强肥水管理。增施有机肥和磷钾肥，避免偏施氮肥，促使蕉株生长健壮。同时在宝岛蕉新叶抽出展开时，用核苷酸、高美施、喷施宝或磷酸二氢钾进行根外喷施，增强树势，提高其抗病能力。

（2）注重蕉园护理。及时挖通蕉田排灌沟，做到能排能灌；清除园内杂草，挖除多余吸芽，降低蕉园湿度，保持畦面干爽湿润，以利生长，减少发病。

（3）清理病叶枯叶。对发病较重的植株，及时剪除植株上的重病叶片和枯死叶片，清除地面的病残叶，搬出园外烧毁，减少菌源，使果园通风透光，降低湿度，减轻危害。

（4）适时喷药防治。在发病初期、清除病叶后以及大风暴雨后及时用药防治，每隔7～10天喷1次，连续喷3次。防治药剂可选64%杀毒矾800倍液、70%代森锰锌700倍液、77%可杀得1 000倍液、25%必扑尔1 000倍液等，以上药剂要交替使用，避色产生抗药性，提高防效。

（5）病害严重的蕉园应轮作或更新种植。

（六）根线虫病

宝岛蕉根结线虫病全省各地均有发生，常见于沙壤土或疏松的红壤土，引起蕉株长势差、易倒伏，产量低。

1. 症状

宝岛蕉根线虫病症状见图 7-5。根线虫感染宝岛蕉根部，受害蕉株的大根表现短而肥大，且有开裂，小根上可见根结，根尖部位形成肿瘤呈鼓槌状，或呈长弯曲状。由于线虫危害从而引发病菌感染，使根呈黑褐色，严重时表皮腐烂。病株地上部分矮小，叶片黄化或丛生，无光泽，散把，抽蕾困难，叶呈波浪状皱曲。挂果后期病株因根部受害而不能载重，导致倒伏。地下部分疏松透气的少质土壤发病较多。栽培条件好的蕉园，感染根结线虫的蕉树地上部分无明显的症状，排水不良或在沙质土壤中病株易出现黄化、生长衰退。

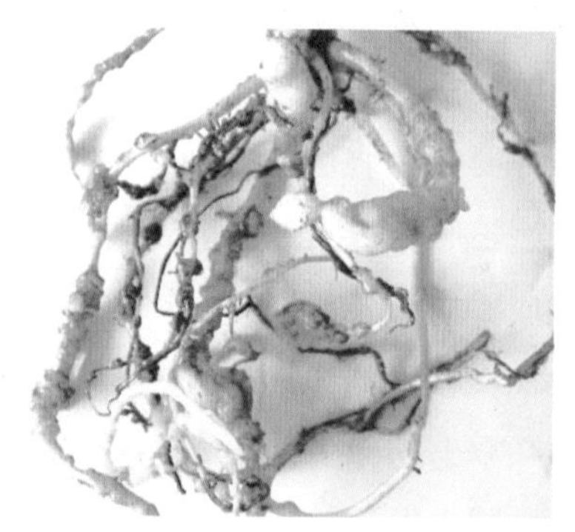

图 7-5　宝岛蕉根线虫病症状

2. 病原及发病条件

主要病原线虫是南方根结线虫，其他病原有爪哇根结线虫和花生根结线虫。初侵染源来自带病吸芽及病土，远距离主要靠吸芽传播。寄主范围很广，可侵染多种果树、瓜菜和杂草。

3. 防治方法

（1）农业防治。种植无病苗：新植区应采用无病组培苗或用无病的第一、二代宿根芽种植，供新区种植的吸芽在种植前应消除烂根和附在球茎表面的土壤。

（2）药剂防治。育苗前用20%线克水剂或98%必速灭微粒剂处理苗圃土壤彻底杀灭线虫（同时可杀灭病菌和杂草种子），培育无线虫病苗。移植时每植穴用20%地虫克粉粒剂20～25克，或10%福气多颗粒剂5～10克/株，或线虫必克微粒剂（生物杀线剂，每克含厚孢轮枝菌孢子2 500万个）15～20克混匀土壤和基肥后种植。种植后发现感虫应于营养生长前期用20%地虫克20～25克/株，或10%福气多5～10克/株，或线虫必克15～20克/株，均匀撒施在蕉头周围20～30厘米的土面，然后覆土5～10厘米；或用1.5%菌线威可湿性粉剂4 000倍液灌根（约1千克/株），或1.8%齐螨素乳油2 000倍液+40%辛硫磷乳油1 000倍液灌根。每3个月施药1次，施药次数视线虫密度而定。

（七）炭疽病

香蕉炭疽病，又称黑腐病，熟果腐烂病，各蕉区均有发生，主要为害果实，贮运期间发病最为严重，损失很大。香蕉炭疽病广泛分布于世界各蕉区。此病也危害到宝岛蕉果实，在宝岛蕉蕉园的花果期就开始发生，但在贮藏运输期间为害最大，造成很大损失。

1. 症状

宝岛蕉炭疽病主要为害成熟或将近成熟的果实，但也会为害蕉花，主轴、蕉根、蕉头等部位。在果上多发生于近果端部分，初出现黑色或黑褐色小圆斑，以后病斑扩大，或几个病斑相互汇合成不规则大斑。在2～3天内全果变成黑色，未成熟的果实病斑组织常凹陷，果肉也腐烂，病部上着生许多粉红色粘状物。外缘呈水渍状，中部常纵裂，露出果肉。高温、高湿时在病部长出无数朱红色的粘性小点，此为病原菌的分孢盘及分生孢子。被害的果梗和果轴，病部同样表现黑褐色、凹陷，后期也会长出朱红色小点。

2. 病原及发病条件

宝岛蕉炭疽病的病原菌称为宝岛蕉盘长孢菌。病菌主要以菌丝体在田间病株上越冬，借风雨或昆虫传播，贮运果实则主要通过互相接触传播。病菌在田间青果期就可侵染，但是以附着孢子侵入并以休眠状态潜伏于青果上，待果实成熟采收后才表现症状。所以，果实成熟度越高病害发生越严重。排水不良、多雨雾的蕉园也较易受害。

3. 防治方法

苗期发病时注意通风透光，除草，摘除病叶，喷药防治；开好排水沟，以免积水；晴天采收，在采收、运输、加工、包装过程中轻拿轻放，减少机械伤；控制好采收成熟度，在当地销售的宜九成熟时采收，远销的宜7～8成熟时采收。

药剂防治：田间蕉株可用50%多菌灵1 000倍液或70%甲基托布津1 500倍液喷洒，从果实膨大中期起，每两周喷1次，共2～3次。贮运果实可用25%施保克2×10^{-4}～3.75×10^{-4}稀释液或25%扑海因加45%特克多各5×10^{-4}混合液浸半分钟，晾干后装箱。

果实采后进行防腐保鲜处理，可大大减少发病率。常用的防腐保鲜杀菌农药，为特克多和朴海因等；对贮运工具和场所应进行消毒处理，果箩和贮运场所可用5%福尔马林喷洒；或用硫磺熏24小时，以消除病源。

在小果期开始进行喷药保护，每隔14天喷1次，共喷2～3次；雨季每隔7天1次，重点喷果实及其附近叶片。在挂果初期每隔2～3周喷药1次，连喷2～3次，在雨季则应隔周喷药1次，着重喷射果实及附近叶片。常用的杀菌农药有40%灭病威500倍液、50%多菌灵可湿性粉剂800倍液、70%甲基托布津可湿性粉剂800～1 000倍液等。

（八）冠腐病

宝岛蕉冠腐病是由半裸镰刀病菌等4种镰刀菌引起的真菌性植物病，仅次于炭疽病的主要病害，发病严重时果腐率达18.3%，轴腐率高达70%～100%。该病是广东香蕉贮运期的常见病害，主要引起蕉指脱落，轴腐和果腐，蕉农常称为“白霉病”。

1. 症状

该病为采后的主要病害。宝岛蕉采后贮藏7～10天，首先为害果轴，病菌最先从果轴切口侵入，造成果轴腐烂并延伸至果柄，致使果柄腐烂。受为害的果皮爆裂，果肉僵死，不易催熟转黄。成熟的青果受害时，发病的蕉果先从果冠变褐，后期变黑褐色至黑色，病部无明显界限，以后病部逐渐从冠部向果端延伸。空气潮湿时病部产生大量白色絮状霉状物，即病原菌的菌丝体和子实体，并产生粉红色霉状物，此为病原菌的分生孢子。

2. 病原及发病条件

确定引起广东省香蕉冠腐病的主要病原菌为亚粘团串珠镰孢、半裸镰孢霉、导管镰孢霉和弯喙镰孢霉。这4种镰刀菌均从伤口侵入，均属伤痍菌。宝岛蕉去轴分梳以后，切口处留下大面积伤口，成为病原菌的入侵点。宝岛蕉运输过程中，由于长期沿用的传统采收、包装、运输等环节常导致果实伤痕累累，加上夏秋季节北运车厢内高温高湿，常导致果实大量腐烂。宝岛蕉产地贮藏时，聚乙烯袋密封包装虽能延长果实的绿色寿命，但高温、高湿及二氧化碳有小环境极易诱发冠腐病。雨后采收或采前灌溉的果实也极易发病。

3. 防治方法

预防本病的关键是尽量减少采收、落梳、包装、运输中各环节的机械伤。改竹箩包装为瓦楞箱包装，运输过程中应做到轻拿轻放。降低果实后期含水量，采收前10天内不能灌溉，雨后一般应隔2～3日晴天后才能收果。采后会装箱前用50%多菌灵600～1 000倍液（加高脂膜200倍液兼防炭疽病）浸果1分钟。选用冷藏车运输可明显降低冠腐病的发生，冷藏温度一般控制在13～15℃。

（九）线条病毒病

香蕉蕉条纹病毒病（BSV）1974年首次在象牙海首次发现，2000年在国内首次发现病例，该病已在广东普遍出现，广西、云南有零星病例。

1. 症状

本病毒病与花叶心腐病症状非常相似，特别是早期阶段，在田间易于混淆，但线条病毒病在后期可以发展成为坏死条斑，从而加以区分。典型症状是叶片出现断续的或连续的褪绿条斑及梭形条斑，随着症状的发展，可逐渐成为坏死黑色条斑，假茎、叶柄及果穗有时也会出现条纹症状。条纹病毒病还可造成许多其他症状，如假茎内部坏死成为心腐症状，假茎基部肿大、假茎分开和生长排列不规则，也皱缩卷曲、木栓化和叶片变窄等症状。症状严重还会造成植株矮化，甚至不开花，即使开花结果，也果穗小、果实不饱满。BSV 症状表达不稳定、症状范围广，有时很严重，有时则很轻，甚至隐症。

2. 病原及发病条件

BSV 最重要的传播方式是通过无性繁殖材料（吸芽、组培苗）进行传播。此外，可通过粉蚧以半持久方式进行传播，种子也可传带此病毒，但不能通过机械摩擦及土壤传播。自然条件下，条纹病毒病通过粉蚧传播一般仅局限在小面积范围内，很少扩散蔓延。粉蚧的卵、若虫、成虫均可传毒，若虫的传毒效率高于成虫，传毒效率还因蕉类品种的不同而存在差异。BSV 远距离传播往往是由于无性繁殖材料的运输，这是引起病害流行的主要途径。另外，BSV 不能通过机械摩擦传播。

3. 防治方法

（1）栽培无病苗。目前种植的宝岛蕉多为试管苗，建立无病育苗系统，确保使用无毒材料进行组培育种，以杜绝初侵染源，是阻止病害流行的最重要措施。

（2）铲除初侵染源及阻止介体的二次传播。在若虫发生期喷药或灌根防治，药剂可用 50% 马拉硫磷乳剂 1 000倍液，或 80% 敌敌畏乳剂 1 000倍液，或 20%杀灭菊酯乳剂 3 000倍液等；植株上的成虫可以毒死蜱防治。

（十）叶缘灰枯（焦枯）病

叶缘灰枯（焦枯）病属非传染性生理失调病害，其原因颇为复杂，烟害、冷害、涝害、肥害、药害以至缺钙等缺素病都可引致。其中以烟害造成叶缘灰枯最主要。据报道，上述宝岛蕉叶缘灰枯现象，在农村水泥厂或砖厂未建造前，通常不发生或很少发生，但这些工厂建立以后，特别是处于下风向易受烟害的焦园或其他果园，上述现象发生就日益普遍和严重，投诉的果农越来越多，受害的果同产量逐年降低。在这些工厂排出的气体中，含有大量氟化氢、四氟化硅或二氧化硫等氟化物、硫化物（据分析，病叶含氟量比正常叶高出 4～5 倍），而蕉叶对空气中的氟和硫都十分敏感。蕉株受害后，由于抗性降低，也易诱发传染性的叶斑病、枯萎病等病害更加重危害。

解决叶缘灰枯等烟害问题，最根本的办法是由环境监测和保护部门对这些工厂按环保要求进行废气废水废渣等“三废治理”，消除“三废”对农作物的危害。另外今后在建厂、建园的地点选择上，都应从环保的角度加以全盘考虑，进行合理规划与布局。同时要加强环保科学知识的宣传教育，帮助人们建立环保意识。

另外，降低氟污染的措施有两点：①增施肥料。每株宝岛蕉加施石灰 600 克，硫酸镁 100 克和硼酸 20 克。肥料分 3 次施下，第一次茎高 30 厘米时，施石灰 150 克；第二次在茎高 1.2 米时，施石灰 250 克、硫酸镁 100 克，在蕉株半径 60 厘米范围内，小雨后施，另在 20 厘米处开小穴施硼酸 10 克；第三次在宝岛蕉抽蕾半径 60 厘米范围内撒施石灰 200 克。②喷防氟剂。防氟剂由多种药剂配成，每造宝岛蕉喷 3 次，分别在 6 月初、宝岛蕉把头时和宝岛蕉套袋后喷施。

（十一）穿孔线虫病

宝岛蕉穿孔线虫病又名宝岛蕉烂根病，是宝岛蕉最危险的专性寄生线虫，寄主范围非常广泛，已报道的寄主植物有 350 多种，主要侵染单子叶植物的芭蕉科、天南星科和竹芋科，但也可为害双子叶植物。主要为害的农作物和经济作物包括宝岛蕉、胡椒、芭蕉、椰子树、槟榔树、可可、芒果、咖啡等。但宝岛蕉穿孔线虫不侵染柑橘。由于该线虫危害严重，因此，有 55 个国家对其实施官方控制，中国也将该线虫列为禁止入境的一类植物检疫危险性有害生物。

不同的寄主被害后所表现的症状不完全相同。宝岛蕉被侵染后，根表面产生红褐色略凹陷的病斑，病根可见皮层红褐色条斑，随着病害的发展；根组织变黑腐烂。宝岛蕉地上部表现为生长缓慢，叶片小，枯黄，坐果少，果实小。由于根系被破坏，固着能力弱，蕉株易摇摆、倒伏或翻蔸，故宝岛蕉穿孔线虫病又有“黑头倒塌病（black head toping disease）”之称。其他寄主植物被害，一般表现为根部出现大量空腔，韧皮部和形成层可完全毁坏，出现充满线虫的间隙，使中柱的其余部分与皮层分开，根部坏死斑橘黄色、紫色或褐色，坏死斑外部形成裂缝，根腐烂。地上部一般表现为叶片缩小，变色，新枝生长弱等衰退症状。宝岛蕉穿孔线虫极易随着宝岛蕉、观赏植物和其他寄主植物的地下部分以及所沾附的土壤进行远距离传播。在田间，农事操作和流水也可以传播，另外，在发病的蕉园里，还可以通过植物根系生长和相互接触以及线虫自身的移动进行近距离的传播。防治措施主要包括如下几点。

1. 检疫措施

检疫的目的是防止被宝岛蕉穿孔线虫感染的宝岛蕉苗和其他寄主植物传入没发生宝岛蕉穿孔线虫的国家和地区以及新的宝岛蕉种植园。检疫方法主要为幼苗检验：先将根表皮黏附的土壤洗净，仔细观察挑选根皮有淡红褐色痕迹，有裂缝，或有暗褐色、黑色坏死症状的根，剪成小段，放入玻皿内，加清水，置解剖镜下，用漏斗法或浅盘法分离。用水清洗进境植物的根部，仔细观察根部有无淡红色病斑，有无裂缝，或暗褐色坏死现象。在立体显微镜下在水中解剖可疑根部，观察是否有线虫危害。也可直接将根组织用漏斗法分离。将分离获得的线虫制片后观察，按形态特征进行鉴定。现在由于生物技术的发展，可以通过组织培养获得无线虫的壮苗，在苗长成后经过有关捡疫部门验证确实无线虫时，发给证书，可向生产者出售，这就是所谓证书措施。

2. 热处理处理种植材料

将宝岛蕉苗经过初步整理后，去掉根和部分茎皮，用高压水龙头冲洗表面泥土和其他碎屑。把初处理的苗放于铁丝筐中，再放到55℃恒温水中浸泡25分钟，处理后的苗要放到不能再被线虫污染的地方，流干表面水分，冷却后尽快栽植。用这种方法处理苗要注意两个问题。一是要在苗小时处理，温度较易浸透苗内部，杀线虫效果好：二是在处理时要保持水温恒定才有效。热处理法比剥皮法效率高、效果好。

3. 切削防治法

当根状茎基部直径大于10厘米时，切削防治，即先剥除假茎，再切除所有变色的内生根和根状茎组织，然后削去周围一部分健康组织，将切削后留用的球茎或根状茎组织，用0.2%的二溴乙烷浸泡1分钟再种植。

4. 化学药剂法

对基部直径小于10厘米的根状茎或球茎，可直接用药液浸渍杀死线虫。如用320克克线磷原药，加100千克水和12千克黏土，混匀后浸渍包裹根状茎，移栽后待蕉苗生长成活，每株根部再施2.5～3克上述浆拌剂，3～4个月用药1次。但是由于用杀线剂来防治穿孔线虫受许多因素限制，如有的杀线剂的毒性太大不能用于宝岛蕉上，还有往往由于杀线剂施用量太大，长期连续使用会造成土壤水源污染。由于成本太高，施药不方便，诸多因素的限制，目前在宝岛蕉生产中只有少数国家和地区使用杀线剂。

5. 销毁严重感病的宝岛蕉植株

销毁严重感病的宝岛蕉植株后，种植宝岛蕉穿孔线虫非寄主植物，12个月后再移植宝岛蕉苗，可以消除土壤中的线虫。休耕6个月以上，或灌水淹没5个月，都可以消除土壤中的线虫。

二、主要虫害防治

（一）花蓟马

1. 危害症状

花蓟马在宝岛蕉抽蕾期危害幼果，影响蕉果外观品质，近年来蓟马对宝岛蕉的危害日趋严重虫。果皮受害部位初期出现水渍状斑点，其后渐变为红色或红褐色小点，最后变为粗糙黑褐色突起斑点，似香蕉黑星病斑。但黑星病斑点是向内凹隐，无粗糙感。

2. 形态特征

该虫极小，只有 0.5 毫米左右，全年发生，能飞跳。蓟马的幼虫、成虫主要刺吸宝岛蕉花子房及幼果的汁液。雌虫在幼果的表皮组织中产卵，虫卵周围的植物细胞因受刺激，而引起幼果表皮组织增生。花蓟马生活于宝岛蕉花蕾内，营隐蔽生活。宝岛蕉花蕾一旦抽出，该虫有聚集快、侵入快的特点，花苞片尚未展开时，已经侵入花苞片内危害。每当花苞片张开时，花蓟马即转移到未张开的花苞片内，继续为害。

3. 防治方法

加强肥水管理，促使花蕾苞片迅速展开。当雌花开放结束后，及时断蕾，减少虫源。黄色和蓝色板对宝岛蕉花蓟马成虫具用一定的引诱作用，可在花蕾旁挂板诱杀，减少虫口数量。掌握蓟马发生规律，及时施药防治。宝岛蕉现蕾时，即用内吸性杀虫剂 70%艾美乐水分散粒剂10 000倍液（1.5 倍对 15 千克水）喷湿宝岛蕉把头及花蕾，整个花期（断蕾期）喷 2 次，每隔 7～10 天喷一次；或用 20%康福多浓可溶剂 0.5 毫升针筒注射果轴。宝岛蕉出口基地应特别加强对该虫的防治，才能保证蕉果外观合格。

（二）假茎象甲

1. 危害症状

危害初期叶鞘表层常流出少量无色透明胶质粘液；中期可见到明显的蛀食孔，蛀食孔外口有大量黄褐色透明胶质；晚期在假茎上蛀食，蛀食孔呈蜂窝状纵横交错，大部分叶鞘腐烂变黑。植株被害后，生长不良，叶片发黄变小，逐渐枯萎下垂，结果少，严重者不能抽蕾，已挂果植株果指短小不饱满，果穗不下弯或断折，蕉园抗风力大大减弱，未成熟即倒伏，通常造成极大损失。

2. 形态特征

成虫体长 12～14 毫米，红褐至黑褐色，体光亮有细刻点。头部延伸呈筒状，略向下弯。前胸背板背面有 2 条黑色纵带。足的第三跗节扩展如扇形。卵长椭圆形，长 1.5 毫米，乳白色。折叠幼虫老熟时体长约 15 毫米，黄白色，头红褐色，无足，体肥大弯曲，体背多横纹。离蛹，乳白色，长 16 毫米。

3. 生活习性

成虫喜在潮湿茎中生活，夜间活动。成虫也常栖息在假茎与叶柄交汇处，成虫有假死性，高湿夜晚可短距离迁飞，寿命长达 200 天以上，成虫产卵于叶鞘组织的空格，通常每格只产 1 粒卵，产卵处叶鞘表层流出胶质黏液，低龄幼虫蛀食中心嫩部，老熟幼虫多蛀食表层叶鞘作茧化蛹。该虫在华南地区年发生 4～6 代，世代重叠，4—5 月、9—10 月是成果发生的 2 个高峰期，冬季各种虫态均可越冬。

4. 防治方法

收果后清理残株，搜杀藏于其中的各种虫态的虫。严禁带虫蕉苗调入新区。结合清园，定期剥除假茎外层带卵的叶鞘，冬春及清明前割除腐鞘，并捕捉成虫。在 11 月底和 4 月初幼虫发生的高峰期，用药毒杀。可选用 3%米乐尔、20%益舒宝三种颗粒剂，按每株 10 克施于蕉根；用 80%敌敌畏、40.8%乐斯本、40%乙酰甲胺磷均 1 000倍液灌注于上部叶柄内，每株 150～200 毫升。掌握越冬幼龄虫（约 11 月底）和第一代低龄幼虫高峰期（约 4 月初）施药毒杀。

（三）球茎象甲

1. 危害症状

又名宝岛蕉球茎象鼻虫，属于鞘翅目象虫科害虫。在广东、广西、海南、福建、台湾等产区都有发生。以幼虫蛀食宝岛蕉球茎，在球茎内形成纵横交错的虫道，虫道四周组织坏死。被害植株的叶片卷缩，叶片发黄变小，逐渐枯萎下垂，结果少，严重者不能抽蕾甚至死亡。

2. 形态特征

成虫体长1厘米，黑褐色，外壳具蜡质光泽，密布刻点，前胸中央有1条光滑无刻点的纵带，其他形状和虫态近似假茎象甲，但体型略小。

3. 生活习性

该虫在华南地区年发生4代，世代重叠。成长的幼虫化蛹、羽化成成虫。成虫或居于蛀道中，夜间爬出活动；或群聚于受害蕉近根处的干枯叶鞘中。成虫咬伤植株后产卵，幼虫从卵中孵化出来后蛀食请球茎，幼株较成株易受害。

4. 防治方法

采用健康无虫害组培苗，种植前测定清园。结合清园，定期剥除假茎外层带卵的叶鞘，冬春及清明前割除腐鞘，并捕捉成虫。种植前穴施辛硫磷等长效内吸性杀虫剂防治。

（四）交脉芽

宝岛蕉交脉蚜又名宝岛蕉黑蚜，为同翅目蚜科。在中国华南各蕉区均有分布。寄主植物为害芭蕉属植物为主，也能为害姜、木瓜、小豆蔻、昙华、羊齿类植物等。以成虫和若虫吸食植株汁液，并能传播宝岛蕉束顶病和宝岛蕉心腐病，对宝岛蕉生产可造成极大为害。

1. 形态特征

成虫有翅或无翅。有翅蚜虫体长1.3～1.7毫米，棕色，翅脉附近有许多小黑点，经脉与中脉有段交会，因此得名。

2. 生活习性

该虫为孤雌生殖，卵胎生，若虫经4个龄期后变为有翅成虫。其发育期短，一年能繁殖20年代以上，繁殖代数与气候（温度、湿度、风和降雨）有关，蕉园栽培管理（间种、施钾肥、喷药和新旧园）有一定影响，冬季蚜虫躲在叶柄、球茎及根部越冬。春季蚜虫开始活动，繁殖，向上移动至嫩茎、叶柄基部、心叶及叶鞘内侧荫蔽处聚集危害。蚜虫以口器列入幼嫩组织内，静止不动地吸食汁液，当吸食病株汁液，一旦转移到另一株时就能把病毒传播给健株。但蚜虫除外界骚扰或植株死亡、风雨、昆虫影响以外，很少移动。该蚜虫主要传播束顶病。花叶心腐病则许多蚜虫均能传播，如棉蚜、桃蚜、玉米蚜等。该蚜虫有趋黄性和趋荫性，长势差和荫蔽的宝岛蕉发生较多。

3. 防治方法

采用不带病虫的组培苗。用除草剂杀死病株，喷杀蚜剂，防止蚜虫向四周迁移。夏秋季 15 天左右全园喷高效大功臣 2 000倍液或群蚜雾 1 500倍液等杀蚜剂。重点喷吸芽心叶、幼株及成株的把头处。

（五）宝岛蕉弄蝶

1. 危害症状

宝岛蕉弄碟，又称宝岛蕉卷叶虫，为鳞翅目弄蝶科。分布在江西、福建、台湾、湖南南部、广东、广西等地。寄主于芭蕉属植物。成虫基本在清晨与傍晚出来活动，阴雨天转为夜间活动，主要是采食花蜜，在宝岛蕉叶的正反面与叶柄上产卵，孵化的幼虫爬到叶子边缘趋势，再后吐丝将叶子卷成筒状，幼虫从叶苞上端与叶片相连的开口处伸出体前部向下取食，变取食变卷叶子，加大叶苞，等待虫体长大之后就迁离原处，重新卷结叶苞，并在苞内结丝化蛹。受害严重的植株叶面积减少 90%，受害植株因叶面积光合作用减少，生育期延长，以致严重减产。

2. 形态特征

成虫体长 25～30 毫米，体长 30 毫米，翅展 60～65 毫米，呈灰褐色或黑褐色。头、胸部密生褐色鳞片，触角黑褐色，近膨大处呈白色，复眼赤褐色，前翅中有黄色长方形大斑纹 2 个，近外缘有 1 个较小的黄色斑纹，后翅黑褐色，前后翅缘毛均呈白色。长 50～64 毫米，体表被白色蜡粉，头部黑色呈三角形，前、中胸小呈颈状，后胸以后渐大，腹部第 3 节以后大小相等。折蛹圆筒形，体长 36～40 毫米，被白色蜡粉，口吻伸至腹部末端，其尖端与体躯分离。卵横径约 2 毫米，馒头形，初散时黄色，后变为红色，卵壳表面有放射状白色线纹。

3. 生活习性

该虫在华南地区发生4～5代，以老熟幼虫在叶苞中越冬。成虫白天活动，吸食花蜜，雌成虫于交尾后一天开始产卵，边飞翔边产卵，每头雌虫可产卵30粒左右，卵散产于叶片上。幼虫孵化后先取食卵壳，后到叶缘卷叶为害，早、晚和阴天伸出头部食害附近叶片。幼虫老熟后即在其中化蛹，6—9月严重危害叶片。

4. 防治方法

农业防治：人工捕杀，在幼虫初发时摘除虫苞，杀死其中虫体；冬季与春暖前将枯叶残株砍下，烧、沤作灰肥、堆肥，以消灭潜存的幼虫和蛹。

生物防治：赤眼蜂能寄生宝岛蕉弄蝶卵，可加以利用。

化学防治：在幼虫低龄期，喷射90%晶体敌百虫800倍液。

（六）褐足角胸叶甲

1. 危害症状

成虫躲藏在未展开叶片的喇叭筒中，取食叶片正面表皮与叶肉，残留叶背表皮，造成叶片缺刻，形成虫斑，其分泌物及粪便还污染嫩叶，使嫩叶先焦黄后焦黑；或躲藏在花蕾未打开的苞片内，取食幼果表皮和苞片内表皮，造成幼果表皮缺刻和苞片缺刻，待叶片展开或花蕾的苞片打开，幼果的果梳完全露出，果皮转青老熟后，该虫很少取食或者不再取食为害。褐足角胸叶甲在宝岛蕉抽蕾期为害最为严重，其缺刻随着幼果果实的膨大而增大，在果皮上形成一道道黄褐色的缺刻斑，严重影响果实的外观品质和商品价值。

2. 形态特征

宝岛蕉褐足角胸叶甲属鞘翅目叶甲总科肖叶甲科角胸叶甲属，是一种小型甲虫。成虫呈长椭圆形，体长4～5毫米，肩宽2～3毫米，头和胸黄褐色，复眼黑色，触角丝状，鞘翅蓝黑色有金属光泽，上有纵列小刻点，成虫鞘翅盖及腹端，后翅发达，有一定飞翔能力；各足的基节、腿节黄褐色，后足腿节发达善跳跃；成虫前胸背板两侧在基部之前明显突出成尖角和盘区密布深刻的刻点。

3. 生活习性

褐足角胸叶甲的成虫可以单个或群集危害，有时宝岛蕉幼株心叶的喇叭口内，可见数十只成虫。成虫能飞善跳，有短暂的假死性，受惊即从叶片上坠落，片刻之后又飞起。白天、晚上均能活动取食，尤以晚上活动取食较多。成虫无趋光性，喜欢在较阴暗、隐蔽的地方活动，如心叶喇叭口内和花蕾的苞片内，成虫能耐饥饿 1～2 天。

4. 防治方法

褐足角胸叶甲幼虫和蛹主要分布于 15 厘米深的表土层内，秋冬至翌年成虫羽化前均在土壤中蛰伏。应在冬季和春季进行土壤翻耕，并采用白僵菌、苏云杆菌处理土壤。在成虫盛发期，组织人工抓捕成虫；清除宝岛蕉园的落叶，铲除或用除草剂灭除蕉园及周围田间地头的杂草等。宝岛蕉抽蕾后用网袋套蕾，可防止成虫钻入为害蕉果。也可用 5% 丁硫克百威 15～20 克/ 株投入顶叶喇叭口内直接杀死成虫。在宝岛蕉营养生长期高峰期为害十分严重，应在每年 4—5 月开始采取群防群治，统一用药预防，降低虫口密度；在抽蕾挂果期，根据虫情每隔 1 周左右用药 1 次，用 1.8%阿维菌素 2 000倍液或 18%杀虫双水剂 500 倍液、30%敌百虫乳油 500 倍液等。

（七）斜纹夜蛾

又名莲纹夜蛾、莲纹夜盗蛾，属鳞翅目夜蛾科。是一种间隙暴发为害的杂食性害虫，寄生范围极广，寄主植物多达 100 个科，300 多种植物。国内所有省区均有分布。长江流域及其以南地区密度较大，黄河、淮河流域可间歇成灾。

1. 危害症状

斜纹夜蛾幼虫咬食幼嫩心叶，尤其是试管苗种植的幼株，使叶片残缺不全；大发生时，常把叶片和嫩茎吃光，造成严重损失。该虫在我国宝岛蕉区终年均可发生，无越冬现象，每年发生 8～9 代，以 6—9 月灾害最重。

2. 形态特征

成虫体长14～20毫米，翅展35～41毫米，体深褐色，胸部背面有白色丛毛，腹部侧面有暗褐色丛毛。前翅灰褐色，内、外横线灰白色波浪形，中间有3条白色斜纹，后翅白色卵扁平半球形，初产时黄白色，后转淡绿，孵化前紫黑色，外覆盖灰黄色绒毛。老熟幼虫体长35～50毫米，头部黑褐色，胸腹部的颜色变化大，如土黄色、青黄色、灰褐色等，从中胸至第九腹节背面各有一对半月形或三角形黑斑。蛹长15～30毫米，红褐色，尾部末端有一对短棘。

3. 生活习性

斜纹夜蛾成虫终日均能羽化，以下午6～9时为最多。羽化后白天潜伏于作物下部、枯叶或土壤间隙内，夜晚外出活动，取食花蜜作为补充营养，然后才能交尾产卵，未取食者只能产数粒。卵多产于高大、茂密、浓绿的边际作物上，以植株中部叶片背面叶脉分叉处最多。每雌可产卵8～17块，约1 000～2 000粒，最多可达3 000粒以上。成虫飞翔力强，受惊后可做短距离飞行。成虫对黑光灯趋性很强，对有清香气味的树枝把和糖醋等物也有一定的趋性。

4. 防治方法

及时翻犁空闲田，铲除田边杂草。在幼虫入土化蛹高峰期，结合农事操作、抗旱灌溉，进行灭蛹，降低基数。在斜纹夜蛾化蛹期，结合抗旱进行灌溉，可以淹死大部分虫蛹，降低基数。在斜纹夜蛾产卵高峰期至初孵期，采取人工摘除卵块和初孵幼虫为害叶片，带出田外集中销毁。合理安排种植茬口，避免斜纹夜蛾寄主作物连作。成虫盛发期，采用黑光灯、糖醋酒液诱杀成虫。掌握在卵块孵化到3龄幼虫前喷洒药剂防治，此期幼虫正群集叶背面为害，尚未分散且抗药性低，药剂防效高。

三、病虫害综合防治技术

为了保障种蕉叶的顺利发展，根据当前宝岛蕉主要病虫害的发生和流行特点，病虫害的综合防治策略应采取如下策略：括以推广组培苗为核心，加强内外检疫，以农业防治为基础，协调运用物理及生化诱杀技术，适时化学防治，实现病虫害的可持续控制。

（一）增强植物检疫

目前，属于世界危险性病虫害的有香蕉镰刀菌枯萎病、香蕉尾孢属黑斑型叶斑病、细菌性凋萎病和穿孔线虫病。加强植物检疫严防危险性病虫侵入，对于引进或新购的香蕉苗应加强检查。在宝岛蕉种植区，科研人员定期到种植园进行检查，利用最新技术认真检查，发现病虫害应及时处理。同时对于已经感染的宝岛蕉蕉株进行隔离观察，严重的进行焚烧消灭病菌。特别是对于细菌性凋萎病、香蕉枯萎病以及象甲类等病虫害进行检疫，尽量在病情发生初期就进行控制和防治，减少不必要的损失。

（二）农业防治

农业防治就是综合运用一系列先进的农业技术措施，改变宝岛蕉生长的环境条件，创造出有利于蕉株生长发育，不利于病虫害虫发生的环境条件，从而消除病虫害的发生，确保宝岛蕉产量。因地制宜选用抗病虫能力强的优良品种，培育无病虫健康组培苗，移植无病虫壮苗；合理密植，合理控制水分，尽量通气透光，减低发生病虫害的概率；实行与甘蔗、菠萝、花生等作物轮作，改善蕉园土壤环境；定期检查蕉园，及时除净园内花叶心腐病或束顶病病株；经常清园，割除病叶，除去果穗上残留的花器，集中烧毁，减少田间病虫源；加强土壤肥水管理，增施磷钾肥，培育健壮植株，提高抗病虫害能力；调节蕉园土壤的湿度与空气密度，排除积水，降低蕉园湿度；抽蕾后及时断蕾套袋，减少病虫侵入。

（三）物理防治

物理防治就是利用物理方法来消除害虫，常见的物理防治方法有糖浆诱杀、灯光诱杀等。以蚜虫为例，利用糖浆诱杀蚜虫的做法就是预先配置好糖浆，将糖浆放置于蕉树蚜虫大量发生的地点，当蚜虫嗅到糖浆味道时，就会向有糖浆的地方靠近，进而起到诱杀的目的。而利用黑光灯诱杀蚜虫原因就在于蚜虫具有很强的趋光性，为此把事先制成黑光灯置于蕉树蚜虫大量发生的地点，利用黑光灯的光性里来捕杀蚜虫。提高抗病虫能力在田间悬挂银灰色膜驱避蚜虫，悬挂黄色捕虫板以粘住蚜虫；在花蕾旁悬挂黄色和蓝色板及10%的植物精油橙花醇引诱宝岛蕉花蓟马成虫，可有效降低虫口基数。

（四）化学防治

加强病虫害监测，结合病虫害发生特点，选择对口有效药剂和最佳防治时机，对症用药，适时用药。在高温多雨季节，田间监测发现有叶斑病黑星病发生，应指导蕉农及时采取防治措施，10～20 天喷药 1 次，连续使用 2～5 次，以前喷过相应农药的蕉园可酌情减少施药次数，挂果中后期蕉园酌情防治。喷药应在早上无风无雨时进行，喷药后 3 小时内下雨应补喷，使用丙环唑、腈菌唑等三唑类药剂时应避免触及幼果，以避免产生果实药害。对于宝岛蕉果实黑星病，宜在宝岛蕉抽蕾后苞片未开前进行第一次喷药保护，以后每隔 7～10 天喷 1 次，连喷 1～2 次后套袋护果。交替轮换使用药剂，以免产生耐药性、抗药性。

台风暴雨过后，新种小苗易发生烂头病，可采用敌克松、可杀得、农用链霉素灌根 1～2 次，同时喷施叶面肥等，7～10 天后新抽出叶片、根新抽出时再来施肥料，以增强蕉树长势，提高对病虫害的抵抗力。重视夏、秋季节蚜虫盛发期对蚜虫的监测与防治，防止蚜虫带毒迁飞扩散；确保在蓟马进入花苞为害之前及时进行喷药预防；台风暴雨过后，应及时使用毒死蜱或辛硫磷等杀虫剂进行假茎喷雾或从叶柄基部灌注药液，或在受害株假茎 1.5 米高处注射药液，严防宝岛蕉假茎象甲的暴发。

在宝岛蕉整个生长过程中，无论是初期、中期还是后期，都需要进行病虫害防治，并使用农药进行施喷，因此相关部门及蕉农应注意药品的使用过程以及剂量进行明确计算和效果预估，例如对于某一药剂来说，它的化学和物理性质、作用、喷施方法以及具体喷施时间、次数等都要进行精确，不可进行统一式喷施，科学种植。

(五) 农药使用基本准则

按照香蕉无公害生产要求，推荐使用植物源杀虫剂、微生物源杀虫杀菌剂、昆虫生长调节剂、矿物源杀虫剂以及低毒、低残留农药防治宝岛蕉病虫害。限制使用中等毒性有机农药，不使用未经国家有关部门登记和允许可生产的农药，禁止使用剧毒、高毒、高残留或具有致畸、致癌、致突变的农药。使用化学农药时，参照 GB4285（农药安全使用标准）、GB/T 8321（农药合理使用准则）中有关的农药使用准则和规定，严格掌握施用剂量、施药次数和安全间隔期。对标准规定的农药，要严格按照该农药说明书中的规定进行使用，不得随意加大剂量和浓度。对限制使用的中等毒性农药，应针对不同病虫害防治对象，使用其浓度允许范围的下限。

禁止使用国家批准禁用的农药，如六六六、滴滴涕、毒杀芬、二溴氯丙烷、杀虫脒、二溴乙烷，除草醚、艾氏剂、汞制剂，砷铅类，敌枯双、氯乙酰庵、甘氟、毒鼠强、氟乙酸钠，甲胺磷，甲基对硫磷，甲拌磷，对硫磷，久效磷，磷胺、甲拌磷，甲基异硫磷，特丁硫磷，甲基硫环磷，治螟磷，内吸磷，克百威，涕灭威，灭多威，灭线磷，蝇毒磷，氧乐果，水胺硫磷，地虫硫磷，五氯酚钠，林丹，2，4-DB，氯丹，以及国家规定禁止使用的其他农药。

第八章　宝岛蕉果实采收、贮运保鲜及催熟技术

采收、包装、上市是实现宝岛蕉经济效益的重要环节。宝岛蕉采收及采后贮运、保鲜及催熟问题一直是宝岛蕉研究的重点。多年来我们在宝岛蕉采后病害的发生与防治、采收适期、采后生理生化、采后防腐剂筛选及应用等方面的研究取得了一些进展，对解决宝岛蕉贮运病腐问题起到了一定的促进作用。

一、果实采收

（一）采收期确定

宝岛蕉是后熟型水果，只要果实有果肉都可以采收、催熟，但产量和品质有所差别。根据宝岛蕉成熟度进行采收，一般七成饱满度（成熟度）以上均可以采收，不能等到黄熟时采收。实际生产中根据运输距离远近和预期贮藏时间长短的需要确定宝岛蕉采收的成熟度。采收的成熟度即蕉指饱满度，当蕉果饱满度达到 6.5 成时催熟后基本可食；当饱满度超过 9 成时，后熟后果皮容易开裂。因此，应在果指饱满度 7～9 成之间采收。要长期贮藏或远运的，采收饱满度要低些，如从广州运往东北和西北时，采收饱满度可在 70%；而运往北京、上海的可在 7～7.5 成饱满度时采收；运往湖南、江西等地的可在 7.5～8 成时采收；而在当地销售的成熟度可以高达 8～9 成时采收。

饱满度的判断是以棱角的明显程度与色泽为依据的，随着果指的生长充实，棱角由锐角变为钝角，最后果指成为接近圆形，越接近成熟的蕉指，其果皮绿色也越淡。宝岛蕉饱满度越高，产量越高，品质也越

好，但越不耐贮藏。目前判断宝岛蕉成熟度以目测为主。目测法是最可靠而又最简单易行的方法。习惯上以果穗中部的蕉果为准，若果指的棱角高出明显，则成熟度不足七成；若果身近于平满，则为七成熟；若果身丰满但尚能见棱角的为八成熟；果身圆满棱角模糊的达九成熟以上。也可以抽蕾后果实生长的天数决定采收期，一般 5—8 月抽蕾的蕉果生长 65～90 天采收；10—12 月抽蕾则要经 130～150 天才能采收。另外，在台风、霜冻、强对流天气来到前，对可以采收的宝岛蕉果穗（饱满度达 65%）都可以采收，以免蕉株倒在地里或削价处理，甚至失收。同时灾后过后也是宝岛蕉价格的暴跌期。原因是受灾后果实总体品质下降及过于集中上市，导致价格下跌。

宝岛蕉的适时采收不但取决于宝岛蕉的成熟季节和贮运时间的长短，还取决于栽培技术和蕉价。一般海南蕉以北方市场为主，冬春蕉通常在八九成成熟时采收，夏秋蕉七八成成熟时采收。若青叶数较少的应早些采收，若要促进下造蕉生长时也应早些采收，为提高售价，也可适当提早或延迟采收。

（二）采收方法

在宝岛蕉采收、搬运过程中，为减少宝岛蕉的碰伤、擦伤和压伤，就必须运用适当的采收方法。

1. 人工采收

由于我国宝岛蕉生产长期以来以小面积分散种植为主，导致了其生产管理水平和标准化程度低、基础设施投资少、采收处理方式粗放等。目前大部分地区的宝岛蕉采收以人工为主，收、运、装都由人工操作，运输工具主要是箩筐、手推车、牛车等，果品碰撞严重，机械损伤多，致使宝岛蕉保鲜和贮存期短，外观差，影响了经济收入和产品出口。

具体采收方法：采收前先将防风的蕉绳解开，如有妨碍收蕉的蕉柱应把它砍掉。茎干较矮的，可直接用蕉刀砍下果穗。茎干较高的，则先在茎中部砍 1～2 刀，等上部茎叶慢慢下垂时，一手伸入果穗中部抓紧果穗轴，另一手用刀将果穗砍下来；也可两人配合，一人先把假茎砍斜，再把果轴砍断，另一人及时将果穗置于有软垫的肩膀上托起。砍下的果穗用绳子绑好，两穗一担，挑到收购站或加工场。

2. 索道采收

国外早已应用索道采收法。我国海南、广西、福建等地组织相关人员赴菲律宾、澳大利亚等国进行了考察学习，根据我国的实际情况，设计出了索道采收系统。这是一种较先进的宝岛蕉半机械化采收新技术，类似于林业生产中所采用的架空索道集运木材法，可实现砍蕉、运蕉、落梳等无着地采收，避免或减少宝岛蕉的碰伤、压伤和划伤等机械伤。

具体采收方法：按照蕉园的整体规划和布局，在蕉园内安装数条连续的空中索道通向加工点，可呈放射状，也可呈矩形网状，索道上装有滑车。采收宝岛蕉时，由人工将砍下的宝岛蕉果穗用肩扛或抬到附近的索道下，在果穗轴上绑上绳子后挂在滑车的吊钩上，滑车与滑车之间用撑杆连接，使果穗串与串之间既保持一定距离不发生碰撞，又可以多串一起运送。待索道上挂有一定数量的果穗后，再由人工牵引至设在田间的加工点，用专用刀将挂在索道上的宝岛蕉成梳切下后，再进行保鲜处理及包装。优点是：整个采收过程宝岛蕉不着地，不仅避免了碰伤、压伤等机械损伤，也提高了工作效率，降低了劳动强度，有利于提高宝岛蕉的商品价值和产业的整体效益。这种方法特别适合较大规模种植企业使用。与传统采收方法相比，机械伤减少 90%以上。

（三）采收注意事项

采收是宝岛蕉栽培作业最后也是最重要的环节，直接影响到果实的质量、产量及经济效益。原则就是要尽量避免机器损伤。宝岛蕉采收须两人协助，一人先把假茎砍倾斜，再把果轴砍断由另一人接住，置于有软垫的肩上托到加工厂，或用绳子绑住果轴托到加工厂。

在采收过程中，千万注意防止机械伤。不论采收还是运输，果穗都不能碰、擦伤，也不能堆叠在一起压伤。在放置果穗时，应用海绵垫铺地或铺墙边。一般采收宜在上午10时前进行，采后果实不能曝晒太阳。此外，采收前应该控制水、肥，炼果，提高品质和耐储运性。收蕉前10天不宜灌水，采后最好及时落梳、洗果、保鲜、包装好。

（四）采收流程

根据果穗断蕾日期，绑扎不同颜色的绳子，推算套袋时间，到期的果穗撕开袋，统计可采收穗数；安排客商、运蕉工人以及岗位工人收获。流动的采收包装流程：适时采收→砍蕉→扛蕉→无伤运输→摘除果指残存花器→果梳分离（落梳）→清洗→修整→分级过磅→保鲜处理→吹干→包装→入库预冷、冷藏保鲜→发运。

（五）清洗、修整、分级

整穗宝岛蕉运至采后加工场后，用吊钩或落梳架将整穗吊起，保持悬挂状态下，抹掉果指末端残存花器，小心用锋利的落梳刀（弧形刀）从蕉梳与果穗连接处切下，切口距果指分叉口2～3厘米，切口整齐，不伤果指和指柄，果树不掉地，果指柄不扭伤。

宝岛蕉落梳后直接放入一级洗涤中，洗涤池中的水一般使用0.5%～1.0%氨水溶液、0.1%～0.2%的明矾水或清洁水，用出水量为13立方米/小时的低压循环水泵喷水进行清洗，洗去残留花器、乳汁及尘土等污物。

清洗后的蕉梳进行梳形整理。蕉梳切扣修理整齐，清除裂果、烂果、反梳果、不合格的蕉果用半月形切刀，对果梳柄切口处进行小心修整，重新切割，以防原切口带病菌，影响贮藏效果。经修整的切口要平整光滑，不能留有尖角和纤维须，防止在贮运时尖角刺伤蕉果和病菌从纤维须侵入。修整好的果梳直接放入低压喷水清洗池内0.1%～0.2%的明矾水或清洁水中进行第2次低压喷水冲洗。

根据果实的大小、果皮颜色进行分级，分级标准见表8-1。商品果一般要求外表干净完好、青绿，果形良好，成熟度一致，弃除过熟果及劣质果，并按标准重量进行分类过磅。

表 8-1　香蕉分级标准

项目		等级		
		优等品	一等品	二等品
饱满度		75%～90%	75%～90%	70%以上
果实规格		梳形完整，每千克果指数不超过 8 只，但不少于 5 只；果指长度 20～28 厘米；每批中不符合规格的果指数≤5%	梳形完整，每千克果指数不超过 11 只，但不少于 4 只；果指长度 18～30 厘米；每批中不符合规格的果指数≤8%	梳形完整，每千克果指数不超过 14 只，但不少于 5 只；果指长度 15 厘米以上；每批中不符合规格的果指数≤10%
果面缺陷	机械伤	无	允许轻微碰压伤，每梳蕉轻伤面积<1 平方厘米	允许轻微碰压伤，每梳蕉轻伤面积<2 平方厘米
	日灼	无	允许轻微日灼，每梳蕉按只数计，不得超过 3%	允许轻微日灼，每梳蕉按只数计，不得超过 5%
	疤痕	无	一梳蕉种水锈或干枯疤痕按只数计，不超过 5%	一梳蕉种水锈或干枯疤痕按只数计，不超过 10%
	冷害、冻伤	无	无	无
	病虫害	无	无	允许轻微病虫害伤痕，每梳香蕉中按只数计，伤痕不得超过 1 平方厘米
	裂果	无	无	无
	药害	无	无	允许轻微病虫害伤痕，每梳香蕉中按只数计，伤痕不得超过 1 平方厘米

过磅后，在生产流水线宝岛蕉采后商品化处理装置上，喷洒扑海因500倍液或特克多500倍液或施保克1 500倍液等杀菌剂对果梳进行保鲜处理，两两混用如扑海因与特克多、扑海因与施保克，效果更佳。经对果梳进行保鲜处理可延长的贮藏保鲜期和货架期，提高宝岛蕉的商品质量。经保鲜处理的宝岛蕉，在生产流水输送线上用700～1 000W的鼓风机吹干果宝岛蕉表面水滴。

二、果实包装

蕉果被运到包装场的存蕉点后，最好将果穗倒置，果指向下靠着堆放。周围的墙上应有海绵或珍珠棉、薄膜护边，以减少机械损伤。头梳果向内，并稍向内倾斜，避免果穗倒塌。果穗切忌打横堆放，互相压伤。流动包装点的存放点（棚）必须用2～3层黑网遮阴，旁边栏杆绑上珍珠棉避免擦伤果皮。存放时间不宜超过3小时，特别是夏天。

目前，国内产区收购宝岛蕉有3种包装方法，即整穗装车法、单梳装车法、纸箱包装。

（一）整穗装车法

也叫条蕉运输。这种方法适于24～48小时运输，行程1 000～2 000千米，可运到湖北、安徽、江苏。运输条蕉的汽车是宝岛蕉运输专用车，装运效率比较高，包装材料（毛毯、海绵）可以重复利用数十次，成本比较低，也环保。

1. 砍果穗

采收前，先在树上把宝岛蕉果穗垫梳把，把果梳间的缝隙用珍珠棉薄膜等塞满，套上新薄膜袋再次砍果穗。果穗不落地就挑到包装场过磅，然后上车包装。用无纺布塑型袋套果穗的可以不垫梳。

2. 装车

装车有两种包装方法：①先在车厢底层及四周垫宝岛蕉叶片或假茎、毛毯等缓冲材料，接着每穗果套薄膜袋后，再包裹一张毛毯，横放。果穗必须紧靠，不能有松动；果穗横排；果穗间隔塑料薄膜，并塞满空隙，以免互相摩擦、摇晃造成机械伤。再铺上几层蕉叶或毛毯，如此一层一层叠满车厢。②每一穗宝岛蕉包裹一条毛毯竖立起来，再铺上几层蕉叶、毛毯，第二层以后横放，但还是每一穗宝岛蕉包裹一条毛毯横放，堆紧不松动。这种方法常被东莞、深圳的蕉贩采用，整穗催熟后，落把，其果品外观可以接近进口的优质蕉。

（二）单梳装车法

也叫片蕉包装。先在货车车厢四周及底部垫宝岛蕉叶、假茎、塑料膜、海绵及毛毯做缓冲材料，然后把落梳的宝岛蕉按大梳在下，小梳在上的顺序叠起 11 层，高约 170 厘米。这种运输方法适于耗时 30 小时左右的运输距离，距离可达 1 500千米，但机械伤较多，装车慢，现在很少采用。

（三）纸箱包装

是中高档宝岛蕉的包装方法。可以减少包装的机械伤，易于装运，包装箱还可以再利用。整箱果净重（规格）12.5、16、19、20 千克，不同的市场要求不同。装蕉果的纸箱一般是在旁边及上边开孔，天地盖瓦楞纸箱，内衬塑料薄膜袋或珍珠棉。装果时根据空间调节大小果梳，12.5 千克每箱理想的果梳是 3～4 梳。纸箱包装的流程是：果穗分级——→下止乳汁水池（含明矾）——→清洗池除花洗果——→剔除裂果分级——→称重（要求每箱 4～6 梳）——→浸泡或喷保鲜剂（有时候此步骤可以省略）——→风干——→装箱——→打包装箱——→预冷——→入库或装车。部分蕉贩会在装箱后进行抽真空密封处理，认为抽真空可使果皮保持较鲜艳的颜色。这种包装方法正逐渐取代粗放的包装方法，成为主要包装方法。

（四）包装注意事项

1. 蕉梳的放置

蕉果弓形背部向上，不宜将果指的指尖朝上，严格执行轻拿轻放，蕉梳摆放整齐紧凑，装入的蕉果不得高于纸箱、水果筐或竹筐上边沿线，箱底垫一层珍珠棉。

2. 封箱方式

一般采用天地盖式双瓦楞纸箱包装蕉梳，并根据宝岛蕉贮运销售的要求确定包装箱的封箱方式，在6天以内的短程或短期贮运可采用覆被式内包装方式，不用放乙烯及二氧化碳吸收剂；较长时间的贮运宜密封式内包装方式，并于内包装内放置乙烯吸收剂和二氧化碳吸收剂。

3. 乙烯吸收剂、二氧化碳吸收剂的制备及投放

乙烯吸收剂用蛭石或珍珠岩充分吸附饱和的高锰酸钾溶液后晾干制成，用无纺布袋盛装并扎紧袋口，用量按宝岛蕉果重的0.5%～1.0%放入宝岛蕉的包装袋中；二氧化碳吸收剂采用新鲜的消石灰，用无纺布袋、纸袋或有孔的塑料薄膜袋盛装，用量按宝岛蕉果重的1%放入宝岛蕉的包装袋中。

4. 标志

每个包装应有下列标志，并以清洗不易退色、无毒的文字形式置于包装外侧。产品名称、品种名称及商标；执行的产品标准编号；生产企业（或经销商）名称、详细地址、邮政编码及电话；产地（包括省、市、县名，若为出口产品，还应冠上国名）；等级；净重、毛重；采收日期。

三、果实贮藏保鲜

（一）果实贮藏特性

宝岛蕉蕉果是呼吸跃变型水果。在常温（25～30℃）下，刚采收的宝岛蕉呼吸强度较低，随着果实的成熟，内源乙烯不断产生，当果实内部的乙烯积累到一定程度，即可诱导和刺激呼吸急剧上升，相关酶的活性也迅速提高，果实的色香味随之发生显著变化，果皮由绿变黄，果肉由硬变软，淀粉转化成糖，风味变甜并散发出特有的香味。此时已进入

最佳可食期。温度28℃以上宝岛蕉果实呈“青皮熟”，这在大陆和台湾地区的夏季蕉都是突出的问题。病害、机械伤促进果实生理后熟，使贮藏寿命缩短。13～15℃下蕉果无明显的呼吸跃变，因而碳水化合物转化缓慢，晚熟期可延长到2个月以上；但低于12℃蕉果出现冷害，不能正常完熟。气调、减压、涂膜、激素处理及乙烯吸收剂处理等技术均有抑制呼吸、延缓生理活动的作用。

（二）贮藏期间传染性病害

蕉果采后有多种传染性真菌病害，引起青蕉和熟蕉的冠部、指梗及果顶的腐烂；一些病菌在果园挂果期已呈现明显病斑，而另一些则以潜伏状态存活在果顶部的干枯花器中。这些病原物在采后贮运过程中会继续传染和流行。

1. 镰刀菌冠腐病

包括串珠镰孢、亚粘团串珠镰孢、半裸镰孢和双孢镰孢等4个致病菌种。是蕉果流通中的重要病害，常为几种病菌复合感染，从伤口感染青蕉的冠部、指梗和果指，病部长满白色絮状霉层。青蕉冠部发病后，很快扩展到果肩和果梗，容易引起断指。机械伤、高温和高湿都诱发其流行。

2. 炭疽病及黑星病

在果园已经感染了这两种病害的蕉果，随后熟过程而症状更加明显，使蕉果的外观受到很大的损害。

（三）贮藏期间的生理障碍

1. 提早成熟

由于病理或生理原因引起挂果株严重枯叶，光合作用能力降低，使蕉果早熟、软化，皮色退青或转黄，果肉成浅。果实的甜度减低，不耐贮运，高温季节不能北运。龙芽蕉感染枯萎病后，常常在果实生长中期叶片枯干，导致果实早熟。蕉果接近成熟期时如遭遇洪涝，也会导致蕉果早熟情况发生。

2. 冻伤或冷害

挂果过冬或冷藏运输过程中，如低温持续时间过长，蕉果易受伤害，轻者果皮暗淡失去光泽，重者果皮褐变，失去商品价值或完全不能食用。

3. 气体毒害

蕉果采用气调方式密封贮藏和运输的，如袋内二氧化碳浓度超过10%，2 天后宝岛蕉即受毒害，果皮褐变、不能完熟，或厌氧呼吸而产生酒味。

4. 青皮熟

28℃以上高温蕉果不能黄熟，大大降低蕉果在市场上的外观品质。45℃以上则易招致果皮褐变、产生异味，完全丧失商品价值。

5. 裂皮与脱把

后熟或催熟过程中如乙烯浓度太高，加上高温高湿，蕉果后熟过快，容易产生裂皮和脱把现象。

6. 机械伤害

直接在卡车车厢内装果、用竹筐装果、多层堆垛挤压，再经长途运输，会造成蕉果受压。产生严重机械伤，促进生理和病理的衰败。

(四) 贮藏保鲜方法

1. 化学保鲜剂处理

用于宝岛蕉贮藏化学保鲜剂使用简单，往往在常温运输过程中多有应用。目前应用较多的主要有防腐剂、乙烯吸收剂、植物生长调节剂、涂膜保鲜剂 4 种类型。

(1) 防腐剂处理。主要防腐剂有多菌灵、托布津、苯来特、施保功、扑海因等，浓度一般控制在 0.03%～0.1%，使用方法多为将果实浸入药液一定时间后再晾干保存。

(2) 乙烯吸收剂处理。以高锰酸钾为乙烯吸收体，以蛭石、珍珠岩、沸石粉等多孔材料为其载体，将载体浸泡等吸附高锰酸钾后，装入袋中，使用量一般为水果量的 0.8%～2.5%。

（3）植物生长调节剂处理。常用赤霉素、细胞分裂素等，对采后果实的后熟软化有一定的调控作用。

（4）涂膜保鲜剂处理。采用涂布或喷洒的方法，将淀粉、抗氧化剂、低聚糖等材料在果实表面形成一层弹性薄膜，隔绝其与外界的联系，从而达到保鲜效果。

2. 保鲜贮藏方法

待保鲜贮藏的宝岛蕉，经消毒防腐处理后，随即安排包装入库保鲜贮藏。其保鲜贮藏方法，有以下几种。

（1）常温仓库保鲜贮藏法。仓库在使用前一个星期进行药物消毒处理。蕉果包装好后随即入库。入库的蕉果要合理堆垛。纵向门窗垂直，横向以堆入三箩（箱）为一行，垛高 5 层左右为宜。层与层之间宜用条板隔垫，以防压坏底部的果蕉。装满库后要关库门和侧窗，严防老鼠。

封库的管理，主要是夏季高温隔热防暑，通风散热，冬季低温防寒防冻，密闭保温。为此：①夏季气温高于 30℃时，白天一般只开天窗，对流散热降低库温。②冬季严寒气温低于 10℃时，要全闭封库，以防冷害。在气温 11～13℃时，可全开窗通风换气。总之，尽可能保持相对适宜的库温作保鲜贮藏。同时注意 10～15 天检查一次，剔除早熟或腐烂的装包。

（2）机械冷藏保鲜贮藏法。这种办法是在有良好隔热效能的库房中装置制冷机械设备，随意控制库内温度、湿度和通风换气。进入冷藏库的蕉果，一般用竹箩、塑料袋包装。在入库堆叠前进行预冷，让蕉果温度下降 14～15℃以接近最适库温 11～13℃，经 3～5 个小时预冷后，迅速转入冷库内恰当的位置堆叠好，注意大包之间不要堆得过密，留出一些空隙，以便通风散热。使堆中心能迅速均匀降至最适的库温。贮后要定期检查。

（3）调节气体保鲜贮藏。硅橡胶窗气调袋保鲜贮藏法是当前在国内外先进保鲜贮藏的技术，已被普遍运用于苹果、荔枝、青椒的保鲜贮藏上。袋里自动形成控制二氧化碳 4%～6%，氧气 3%～5%左右，从而形成良好的气体贮藏环境。

另外，过氧化钙贮藏法是水果保鲜的一项新技术。用量按 1 千克宝岛蕉 1～2 克过氧化钙（CaO_2）的比例，将两者同时放入一个塑料薄膜袋内，在 15℃的温度下贮藏 2 个多月，蕉果仍然硬绿，新鲜如初。如果蕉需继续贮藏，在 50～60 天后放入 1 克过氧化钙。用于水果保鲜的过氧化钙为脱水干燥的粉状或颗粒状，在具有吸湿性的纸片间夹上薄薄一层或者先在袋子内撒上一层过氧化钙即可，使用方便。

四、果实催熟技术

宝岛蕉属于后熟型水果，虽然果实在植株上自然成熟或采后放置可自然成熟，但时间长，成熟不一致，风味远远比不上经过催熟的优良，更难远途运输。所以为获得鲜艳黄色的商品宝岛蕉，一定要掌握一定的催熟技术，掌握好催熟剂的使用浓度及催熟时的温、湿度条件，方可获得满意的催熟效果。

（一）果实催熟原理

宝岛蕉的催熟原理，是利用外加乙烯激素使宝岛蕉后熟。后熟后的果实，淀粉含量由 20%左右锐减为 1%～3%，而可溶性糖则突增至 18%～20%。果皮由绿转黄，肉质由硬转软，出现香味物质和一定的有机酸，果皮易与果肉分离，果实可食。宝岛蕉催熟的代谢过程主要是呼吸作用，催熟时宝岛蕉果实出现呼吸高峰，呼吸强度很大，达 100～150 毫克二氧化碳/千克·小时，故影响果实呼吸作用的因素也影响宝岛蕉的催熟。

1. 温度

14～38℃均可使宝岛蕉催熟，但温度太低（低于 15℃）时后熟缓慢，太高（高于 26℃）时后熟快，以致使果皮不转黄色。最适宜的温度是 18～20℃，后熟后果皮金黄色，果肉结实。催熟温度以果肉温度为准，焗蕉房的温度往往与果实温度有一定的差异，尤其是长期低温贮藏或外界温度太低时，须让果肉温度上升到 16～18℃再行催熟。适当低温催熟可提高果实的货架期，但温度低催熟时间长，焗蕉房的利用率不高。我国目前常用的温度为18～20℃，6天催熟。

2. 湿度

湿度太低宝岛蕉难催熟。催熟的前中期（前4天刚转色）需要较高的湿度，以90%～95%的相对湿度为宜，高湿环境下果皮色泽鲜艳诱人。但后期（后2天转色后）湿度宜较低，以80%～85%为宜，这样有利于延长货架期。

3. 乙烯利的浓度

乙烯利5～4 000毫克/千克溶液均可把宝岛蕉催熟，通常用800～1 000毫克/千克乙烯利浓度。据华南农业大学试验，浓度降低500毫克/千克，成熟时间相应推迟1天。浓度低，催熟时间长；浓度高，后熟快，但果肉易软化，果皮易断，货架期较短。乙烯利浓度对催熟时间的效应不如温度大。

4. 氧气和二氧化碳的浓度

宝岛蕉催熟过程中呼吸强度很大，尤其是呼吸高峰期，需要大量的氧气，并放出大量二氧化碳。氧气不足或二氧化碳浓度过高，会抑制延迟宝岛蕉的黄熟，严重缺氧和二氧化碳中毒时，宝岛蕉会产生异味。故宝岛蕉数量大时，催熟房应适当通气。国外先进的催熟房装有抽气机及乙烯气体进气机，恒定供给乙烯量和氧气量，并抽出房内的二氧化碳等。

5. 果实的饱满度和采收季节

果实的饱满度越高对催熟处理越敏感，后熟时间相对较短。但饱满度过高（90%以上），果实后熟时果皮易爆裂，货架期也较短。不同季节采收的果实，对催熟处理的反应不同，9月采收的蕉果比2月采收的成熟要快2～3天。

（二）果实催熟方法

催熟的方法有以下几种。

1. 大香熏熟法

过去多采用这种方法，方法简便。在一个密闭的小房子里，把宝岛蕉堆码好（条蕉、梳樵或用竹箩装均可），点燃大香（如不含硫磺的檀香），待有烟气外溢时把房门关闭，两天后把宝岛蕉取出，5～6 天宝岛蕉就会逐渐变黄成熟。缺点是该法催熟时，温度较高，湿度低，果实失重多，且熏蕉数量受到限制，成熟不均匀，时间也较长。

2. 乙烯气催熟法

在密闭的塑料帐或房间里，把宝岛蕉堆码好，把乙烯气充进去，按容积 0.1%～0.2%的乙烯气浓度充气。密闭 1～2 天后取出宝岛蕉，2～3 天左右宝岛蕉逐渐黄熟。此法缺点是要求密闭严格，充气浓度不易掌握，数量也有限。

3. 乙烯利催熟法

现在许多地区和单位都采用这种方法，方法简便易于操作。乙烯利的化学名是 2-氯乙基磷酸，对水果的成熟有明显的促进作用。乙烯利含量为 40%。宝岛蕉催熟浓度为 0.2%，即 500 千克水对配 40% 乙烯利为 2.5 千克。乙烯利为微酸性，须在微碱性情况下才能起作用，因此，须在乙烯利溶液里加入 0.05%的洗衣粉。先将洗衣粉溶解后再按比例加入乙烯利。宝岛蕉数量少可以直接放入乙烯利溶液里浸泡 1 分钟，沥去药液，装入塑料袋里放入适宜的室温下。宝岛蕉数量多可用喷淋的方法，最后用塑料布覆盖宝岛蕉，使其产生乙烯，才能起到催熟的作用。1～2 天把塑料布揭除，2～3 天即黄熟。

4. 家庭小量宝岛蕉催熟法

买回宝岛蕉装入塑料袋里，放 1～2 个苹果或梨，扎紧密封。如果用乙烯利可按上述的方法进行，放室温下，如果在冬季要放在暖气旁边，但不能直接在暖气片上烤，数天后即可黄熟。

（三）延长宝岛蕉货架期

宝岛蕉的货架期也叫货架寿命，是指蕉果后熟 5 级（果身黄，果柄和果尖绿）至后熟 7 级（果身有梅花点，脱脂）有商品价值的时间。延长宝岛蕉的货架期，是提高蕉果质量的一个重要环节。我国宝岛蕉的货架期远不如进口宝岛蕉长，这除采前因素（如品种、肥水、管理、病虫害防治）外，还与后熟过程的许多因素有关。提高蕉果货架期的采后措施如下。

1. 采后失水处理及降低催熟后的湿度

据台湾宝岛蕉试验，采后催熟转色后，降低环境的相对湿度，可防止果指脱梳，提高货架期。

2. 降低转色温度及货架温度

根据宝岛蕉研究，7 天催熟（20～15～15～15～15～15～15℃）比 4 天催熟（20～20～18～18℃）货架期可延长 2 天；而货架期温度 15℃比 25℃延长货架期 5. 85 天，配合采后冷藏失水处理 5 天，可延长 7. 1 天。在催熟实践中，通常第一天可用较高的温度（21～23℃），以缩短催熟时间，以后降至 16～18℃，以保证催熟时间不变。

3. 加入防腐保鲜剂

宝岛蕉货架期结束的主要标志是出现梅花点和脱梳断指。梅花点主要是炭疽病斑，脱梳主要是果柄和果身交界处的果皮纤维分解而不受力。故宝岛蕉采后催熟前，用低毒的防腐剂如特克多等浸果防炭疽病；催熟液加入 30 毫克/千克 2, 4-D 液，可延长果柄和果尖的退绿时间，从而延迟断指时间。

4. 果实涂蜡及装袋

据说目前中南美洲出口的宝岛蕉均在转黄后打蜡，增加果实艳亮度，也可抑制病菌的感染及发病，减少水分蒸发和果实的呼吸作用，从而延迟衰老的时间。菲律宾的出口宝岛蕉，则采用塑料薄膜袋包装，4 只一袋。装袋作用基本上与打蜡相似，但防机械伤和保鲜的效果更好。

第九章　宝岛蕉自然灾害的预防及灾后管理

宝岛蕉是典型的热带亚热带果树，而在中国大多数宝岛蕉主要产区地处南亚热带，故每年在宝岛蕉生产中都要遭受不同程度的自然灾害的影响，目前影响宝岛蕉生长的自然灾害有寒害、风害、涝害和旱害等。自然灾害的发生会直接影响植株的正常生长，降低产量和品质，甚至失收。因此，预防自然灾害及灾后加强管理是宝岛蕉丰产丰收的重要一环节。

一、寒　害

（一）寒害的症状与类型

宝岛蕉喜高温怕低温霜冻，最适生长温度为24～32℃，当温度低于20℃，其生长速度缓慢，低于10℃生长完全被抑制，低于12℃时果实受到寒害，5℃时植株各器官受冻，基叶枯萎，若持续时间长，则地上部分冻死；0℃以下，地下部分全部冻死。气温越低，持续期越长，受害越严重。可见，温度是制约宝岛蕉生长发育的重要生态因子。然而我国绝大部分宝岛蕉产区都易受到冬春寒流的侵袭，而且随着宝岛蕉反季节种植技术的推广，使我国蕉园更易遭受寒流破坏。寒害已成为制约我国宝岛蕉产业健康发展的主要灾害之一。宝岛蕉生长发育因定植时期不同、定植的植株大小、品种差异等，致使宝岛蕉的各个发育期均可能遭受冬季寒害冻害的危害。宝岛蕉各发育期对低温敏感程度由高到低为：抽蕾期、幼苗期、花芽分化期、幼果期、果实发育成熟期、营养生长前期和后期、营养生长中期。

宝岛蕉遭受冷害时，叶片是最容易受伤害的部位，在低温胁迫下，叶片最先转黄，呈水渍状斑点，后逐渐黑褐色而软化枯干；温度进一步降低而产生冻害时，叶柄及假茎呈现浓黄褐色水渍，后腐烂。宝岛蕉植株在人工模拟的低温条件下，5℃时冷害症状出现，开始2天未出现明显症状，第3天第1片展开叶叶缘变黄，叶面有分散褐斑，受害较重的幼嫩叶片叶缘向上内卷，植株重回常温下较快恢复生长。最低温度下降至3℃时，冷害症状迅速发展，经3天后叶片均退绿，叶面褐斑扩大，但生长点、球茎未受害，植株移回常温下缓慢恢复生长；再在1℃下处理3天伤害变为极端严重，植株移回常温下逐渐死亡，不能再恢复生长，球茎冷死，变黑褐色，无吸芽抽出。

我国宝岛蕉寒害大体分为辐射型（晴天）和平流型（阴雨天）。两种辐射型寒害的特点主要是夜间剧烈降温，次日光照条件较好，日均温不是很低，但温差较大，极端最低温度是最主要的影响因子。平流型寒害的特点是冷空气到达后，天气出现连续阴天或伴有降雨，日均温低，但温差较小，持续时间相对比较长，因而低温程度和持续时间为其主要的影响因子。在同等低温条件下平流型寒害对宝岛蕉的危害大于辐射型，而两者交替出现产生的混合型寒害对宝岛蕉的危害则更严重。宝岛蕉寒害也可细分为干冷型、湿冷型及霜冻3种。

1. 干冷

主要为平流寒害。北方冷空气南下，干燥低温的北风吹打宝岛蕉植株的叶片和果实，造成叶片或果实失水、变褐。干冷通常温度较高，不会使蕉株死亡，主要为害叶片，尤其是嫩叶果穗、幼果和老果，多在春节前发生。

2. 湿冷

低空受冷空气的影响，高空受暖空气的影响，大气湿度大，常伴有小雨。通常湿冷的温度也较高，但低温时间长。主要危害未抽蕾的蕉株生长点或花芽花蕾，造成烂心。老熟的叶片及果实似乎症状轻些。

3. 霜冻

处于平冷寒害的天气，无风无云的寒冷之夜，地面辐射强烈，气温大幅度下降。由于温差，在叶片表面上形成一层冷水层（也称霜水），其温度很低，使叶片受冷害。霜冻时常夜晚温度低，而白天有阳光温度高，温差大，加剧危害的程度。受霜冻影响最大的是叶片，其次是果实和假茎。叶片会变褐干枯，果实会变黑，而假茎会褐变渗水。

（二）预防措施

目前对于宝岛蕉的防寒没有特效方法，只有通过加强栽培管理可减轻其寒害的危害程度。寒害形式不同，预防的方法不同。一般干冷的预防是挡风，湿冷的预防是挡水，而霜冻则要减少地面辐射及排除冷水层。宝岛蕉植株的不同器官及不同生长期的植株，对低温的敏感度稍有差异，这也是预防寒害的可利用之处。寒害对春夏蕉的危害大，其预防措施如下。

1. 选择大苗种植

冬季气温较低，易发生霜冻的地区，可选择大组织培养苗或大吸芽苗春种，争取在霜冻来到之前采收完毕。如广东省东莞市选择叶龄为13～15片的宝岛蕉组培苗于3月进行种植，多于8月中旬抽蕾，10月下旬即在寒潮到来之前收获，能有效避过低温，取得了良好的经济效益。

2. 合理安排蕉园位置和布局

宝岛蕉园地的选择对宝岛蕉生长有重要的作用。蕉园位置的选择要注意考虑小环境，在复杂地形的影响下，位置邻近的区域气候可能相差很大。尤其是丘陵山地地区，尽量将蕉园选在高大山脉的阳坡或者宽阔的谷地，避免密集的丘陵或者较封闭的洼地和谷底，减少冷空气滞留时间，从而使寒害减轻。同时，据调查，同一蕉园位于北面挡风地段的宝岛蕉寒害较重，位于南面避风地段的蕉株寒害较轻。

3. 适时定植和留芽

寒害多发生在12月底至次年2月上中旬，所以，在寒害易发生的地区，应避免宝岛蕉在12月至次年2月抽蕾。可通过适时定植和留芽的措施，控制宝岛蕉在营养生长阶段越冬。适时定植和留芽，就要做到不管是培苗还是吸芽苗都应该保证植株在冬季有14片长叶，因为这样的植株在冬季的抗寒能力较强，有利于保证宝岛蕉顺利越冬。宝岛蕉周年定植，要以春、秋植为主，鉴于春植容易因为种苗和管理的原因，越冬时植株过大发生抽蕾困难的现象，导致幼果或植株易受冻害。寒害发生地区则应该将春植改为秋植。

4. 科学施肥管理

宝岛蕉植株体内养分累积多，对增强蕉株抗旱能力有一定的作用。特别是在秋末冬初时注意多施有机肥如草木灰、火烧土、鸡粪等，增施钾肥，蕉株生长健壮，抗逆性强，可以提高土壤温度，相对地减轻寒害。同时，科学施肥和合理安排种植时期应相互配合，尽量避免宝岛蕉在冬期抽蕾，在低温霜冻前及时收获。

5. 遮盖法

高度1米以下的吸芽苗，在寒流来临前要包扎稻草、甘蔗叶或干蕉叶，外面再包一层塑料薄膜以保护吸芽，这样既能防霜又能防止冷雨直接淋打蕉芽，还能保温。对未抽蕾的宝岛蕉，可把蕉株顶部叶片扎成束状，或用稻草盖住心叶，以防寒害。对已吐蕾或断蕾的蕉株花穗、果穗要及时套袋。对于10月以后抽出花蕾的植株，在低温来到之前，用双层无孔洞塑料薄膜袋套住果穗或花穗，温度低时束紧袋下端的开口，温度高时应及时将袋口打开，以保证果实正常生长不收冻害。

6. 人工改变蕉园小环境温度

主要方法是灌水防寒和熏烟。前者是在霜冻到来前1～2天放水灌蕉园，利用水比热容大的特点，缓和降温，增加近地面空气湿度，保护地面热量，能有效减轻危害。后者经试验证明烟幕对辐射低温具有明显保温防寒作用，气温越低保温效果越好，但受风速条件影响较大。此外，低温条件下对宝岛蕉树体喷施抑蒸保温剂，如长风3号、醇型抑蒸剂等可以取得一定的防寒效果，但对已出现寒害症状的蕉体效果并不明显。

7. 控制果梳数量

为提高宝岛蕉的品质，让宝岛蕉长得饱满充实，一般采取去梳法。和林木生长一样的道理，假设一年内树木吸收的养分固定，枝桠较多的林木不利于成长为参天大树，因为它们会平均分摊掉许多营养，所以一般采用的是剪除多余的枝娅来帮助林木生长。去梳法也是这个原理，这种做法表面上是降低宝岛蕉的产量，实际上并非如此。去掉一些较小的梳数，却有利于其他梳数吸收，营养生长得更加饱满增加它们的重量。最主要的是这种做法还可以帮助宝岛蕉提早成熟，避免霜冻的危害。南方地区冬季来临比北方晚，可以提供更长的时间让宝岛蕉提早成熟。从而避免宝岛蕉受寒害的损失。

（三）灾后管理

宝岛蕉遭受寒害后，应采取相应的措施进行补救。

1. 受害后，及时割除冻坏的叶片和叶鞘

尤其是未开展的心叶，以免腐烂向下蔓延，造成更大的损失。叶片受冻后，叶片组织已经受到损坏而失去生理活动能力。因此，应及时将受冻害的叶片、叶鞘割除，特别是要注意割除冻坏的筒状叶。

2. 提早施用速效肥料

尤其是速效氮肥，如尿素等，对恢复和促进植株生长有显著作用。蕉株受冻后叶片受损失，营养物质不足，急需补充养分，以恢复生长。对于挂果而绿叶数较少、根活力较差的蕉株，要经常对果穗和叶片进行根外追肥，保证果实继续生长。

3. 根据宝岛蕉植株受冻情况，选留吸芽

如果母株受冻害不严重，估计能在春季以后抽出花蕾，春暖之后应将秋季选留的预备芽除掉，改留小芽，提高母株的产量。如果母株受冻严重，在接近抽蕾或刚抽蕾无绿叶时，没有栽培价值，可将母株地上部砍掉，集中培育好候补的吸芽，争取当年能及早收获宝岛蕉。

4. 及时灌水，使植株尽快恢复

宝岛蕉受冻害之后，如果遇上干燥天气，会加速水分的丧失，遭受冻害的植株常因缺水而加剧危害程度。此时若及时灌水，可提高土壤的含水量，使植株尽快恢复生长。

5. 加强蕉园土壤管理

春暖之后，要及时搞好清园工作，将冻死的残株及烂叶清除。并进行锄茎松土和培土，使蕉园土壤疏松透气，以利于根系的生长。

6. 寒害后及时喷药防治病虫害

蕉树寒害后，宝岛蕉植株组织受损，抗性差，易诱发病虫害。主要的病虫害有叶斑病、黑星病、束顶病、蚜虫、象甲等病虫害。

二、风　害

（一）风害的危害

宝岛蕉叶大根浅，质脆易折，尤其是蕉株进入结果后，果穗较重，因而易受到大风或台风的危害。宝岛蕉植株受风害后，轻者折断叶柄，撕裂叶片，重者折干倒伏。进入花芽分化期的植株，叶片大，干很脆，更易受风害。2014 年“威尔逊”台风袭击海南、广西、广东，致使多数蕉园受到破坏，大量宝岛蕉植株被吹倒、吹折，还导致蕉园受浸，造成重大的经济损失。中国每年 6—10 月是台风频繁季节，尤其是 7—9 月，华南沿海宝岛蕉产区常遭受台风袭击。因此，在沿海地区发展宝岛蕉生产，必须重视蕉园的防风工作，才能确保宝岛蕉高产。

（二）预防措施

1. 选种较矮化的抗风良种

在正常情况下，蕉株假茎越高大，抗风能力就越差；而中矮秆香蕉品种抗风能力相对较强。因此在台风较多、破坏性大的沿海地区，正造蕉宜选用中矮秆品种为宜。而宝岛蕉作为中矮蕉种的抗病品种，更具有很好的抗风性能。

2. 避风栽培

在台风多的地区，要调节种植期和留芽期，使宝岛蕉抽蕾、结果期要避开台风季节。一般 10 月至次年 4 月台风发生较少，这段时间抽蕾的宝岛蕉植株受台风影响较小，这也是目前沿海地区大力发展春夏蕉的原因之一。另外，由于宿根蕉的根型较高大，尤其是正造蕉，较轻易受台风危害，须改多造栽培为单造栽培，或一年多造为一年一造春夏蕉栽培。

3. 选择避风地形及设置防风林带

在台风较多的地区，如广东珠江三角洲、海南省东线的三亚、陵水、万宁、琼海等县市，应选择有天然屏障的地方建蕉园，或在蕉园的主害风向设置防风林带，以阻挡风速，减轻风害程度。

4. 重视蕉园的土壤管理

宝岛蕉生长快，在其蕉生长过程中，地下球茎容易露出地面，降低抗风能力。所以，蕉园尤其是宿根蕉园应经常培土，增施有机肥及钾肥、磷肥，增强植株的抗风能力。此外，在台风季节不宜使用蕉铲除芽，以防止弄松土壤后，宝岛蕉植株容易被风吹倒。

5. 设立防风支柱保护

在台风季节到来前的 5 月，对已进入花芽分化（形成把头）的蕉株，于宝岛蕉植株旁边安装竹竿或木桩，用绳子将蕉株把头或果轴缚扎于支柱加固，以防止植株折断或倒伏。安装防风支柱应注意避免支柱擦伤宝岛蕉果实或妨碍蕉果的生长。

6. 重视象鼻虫的防治

象鼻虫蛀食假茎，蛀道纵横交错，致使蕉株的抗风能力大大降低。象鼻虫危害严重的植株，遇上较大风时容易折断，影响产量。因此，及时防治象鼻虫极为重要。

（三）灾后管理

宝岛蕉处于苗期或前期阶段被台风吹斜，只要及时补救与加强管理，产量受到的影响不会大。对于沙质土或土壤较疏松的蕉园，一般风停后经过 2~3 天的时间，被吹斜的小、中苗会自然恢复原状，不须人工扶正。

对于土壤较坚硬或植株高大的宝岛蕉，自然回位较困难；另外，对蕉株已被折弯而中心果轴没有折断的植株被吹倒的植株，因无法自然回位，都要及时采取人工扶正，割除断叶，并培土固定，淋足定根水，防止风后曝晒，并因伤根而死苗。由于扶正后根系受损害，抗风能力较弱，对较高的蕉株，要竖立木桩固定，防止倒伏。对已开花结果的蕉株，可适当疏去2～3梳果，然后用支柱扶起。

对已开花结果的蕉株，其受风害较轻者，虽然蕉株没有折断、倒伏，但个别的叶柄已被折断，叶片被风吹裂成条状，影响叶片的光合效能，对产量有一定的影响。所以，应及时将折断的叶柄割除，并适当疏去一部分果实，加强肥水管理，除地面经常淋水之外，最好结合叶片喷水和根外追肥，使蕉株能尽快恢复生长。

新植蕉园，母株生势较旺，留芽再生能力强，吸芽生长快。应及时清理蕉园，将被台风吹断的植株及断叶搬往园外或行间、路边，并加强肥水管理和病虫害防治工作，尽快把吸芽管上去，弥补台风造成的损失。对于风害特别严重，几乎全园被折断的留头蕉园或生势较差的蕉园，留吸芽再生能力差，清园工作量大，得不偿失，可考虑放弃补救，重新种植或改种短期作物。

三、涝　害

（一）涝害的原因及危害

涝害是指雨季雨量偏多，蕉园排水不良浸水而造成对植株的伤害。涝害对宝岛蕉的危害程度首先是根。根受涝后缺氧腐烂，而后吸收能力下降，植株水分供求失去平衡，叶片等得不到水分就枯萎，新叶无法抽生。浸水时土壤温度高，会加强根的吸收，并降低氧的溶解度，从而使涝害严重。浸水后高温暴晒，会使叶片蒸腾量大，对水分需求多，使涝害后根系受伤，吸水能力差的植株水分更加失调。涝害的轻重与下列因素有关。①浸水时间。浸水时间长的受害重。浸水72小时的植株，在15天后有25%出现涝害症状，浸水144小时，15天后所有植株都出现涝害症状，且较严重。②宝岛蕉生长期。刚抽蕾或即将抽蕾的植株最易受涝害，株龄较低或果实成熟度较高的挂果植株，相对耐涝害。③蕉园的荫蔽度。蕉园密植荫蔽的比疏植透光的受害较轻。④施肥情况。浸水前7～15天，施重肥尤其是施速效氮肥的，比不施肥的受害重。⑤蕉园地形。围田蕉园比坡地蕉园受灾严重。⑥种苗来源。试管苗长成的植株比吸芽苗长成的受害重。⑦气候因素。浸水时或浸水后遇上高温曝晒天气，加重涝害。

（二）预防措施

预防涝害，应根据蕉园情况搞好排水防涝工作。对地下水位高、地势低、排水条件不好的易受洪水危害的蕉园，要修筑防水坝和多级排水沟，及时将蕉园多余的水位排走，保持蕉园较低的水位，这样在雨水集中季节避免涝害。另外，在高温期进行土壤覆盖，合理密植，施肥量少而次数多，也可减轻涝害的危害。

（三）灾后管理

宝岛蕉遭受涝害后根系受伤或腐烂，吸收能力减弱或丧失，植株出现水分胁迫。因此涝害后要尽量降低植株的失水量，并对植株进行根外供水。要减轻宝岛蕉涝害的损失，须抓好以下几项灾后管理措施。①搞好蕉园防洪排水系统，尽快排涝，疏通排水沟，缩短浸水时间。②创造一个加快根系恢复生长的环境条件。灾后在畦面或植穴周围用蕉叶、稻草等进行覆盖，干旱时早晚灌、淋水，保持土层湿润。球茎发出新根后应抓紧追肥。③涝害后植株生势差，易受病虫危害，要及时防治病虫害。可喷焦斑灵防治叶斑病和蚜虫等，同时在蕉干基部撒施熟石灰预防宝岛蕉真菌性病害。④灾后及时清园，割除枯叶，砍掉失去经济价值的植株，让吸芽早生快发或重新种植。⑤对于地下水位高、近江河的围田蕉园，一定要加固堤围，建立各级排灌沟与排洪闸，围内设立排洪抽水站，及时将园内积水排走。

四、旱　害

宝岛蕉对水分的供应十分敏感，挂果期受旱，会影响果实膨大。据测定，宝岛蕉每生产500克干物质需要吸收水分300千克，说明宝岛蕉对水分的需求量较大。宝岛蕉需水量最理想的是月平均降雨量在100毫米以上，在任何一个月中降雨量少于50毫米是严重缺水。中国宝岛蕉主产区的降水量主要集中在5—9月，这几个月降雨量都在100毫米以上，而10月至次年4月降水量逐月减少，尤其是12月至次年2月处于缺水的状况。在这种栽培条件下，如果无灌溉条件或水分供应不足，必将影响宝岛蕉生长发育、产量和品质。宝岛蕉在营养生长阶段遇上干旱，会使宝岛蕉营养器官生长发育不良，生长速度和生长量显著下降；受旱严重时，叶片下垂，枯黄凋萎，气孔关闭，光合效能降低。在花芽分化前遇旱，会使营养器官出现早衰，营养积累少，花芽分化受到影响，果实的梳数和单果数明显减少，从而造成减产。在干旱季节，根据宝岛蕉生长发育的生态要求，适地适时适量地进行灌溉，可以使宝岛蕉正常生长，调节宝岛蕉抽蕾、开花结果期，对提高产量和品质十分必要。

附　录

（一）海南宝岛蕉的养分管理月历表

月份及生育期	工作内容及注意事项
6月 （定植）	1. 每个穴施腐熟牛粪或羊粪1.5～2.0千克+钙镁磷肥250克作基肥。 2. 基肥与定植穴的土壤充分混合，防止肥分过浓伤根。 3. 定植的前1天全园喷灌（每条喷带喷灌约30分钟）。 4. 定植后，及时浇定根水（每条喷带喷灌约30～40分钟）。
7月至8月中旬 （缓苗期）	1. 定植后7～10天（抽1片新叶）施提苗肥。每周用高氮型复合肥（20-12-13或20-10-10）或均衡型复合肥（15-15-15）与尿素配合使用，以上肥料配制成溶液的浓度为0.2%～0.5%，共浇水肥3～4次。水肥的浓度可以逐渐增加，但是最高不超过1%。浇水肥后要立即喷施适量的水，以便把撒施在叶面的肥料溶液冲洗干净。 2. 施肥方法是：在浇水肥的前1天，将所需的复合肥浸泡于水中，制成复合肥肥膏，利于溶解。然后，在每个农用水桶加入1～3勺肥膏（相当于50～150克干肥料溶解于25升水）或是在施肥当天提前一段时间把复合肥溶解于水中，搅拌均匀，每桶浇10株为宜。
8月中旬至9月 （大田苗期）	1. 采用水肥一体化施肥，每亩施用尿素2.5千克，15-15-15复合肥4.0千克；氯化钾（硫酸钾）4.0千克（100克/次/株），全部溶水后统一施用。 2. 有条件每亩可补施硫酸镁4千克，硫酸锌2.5千克，硼砂2.5千克。 3. 每长2片新叶施用一次，施用3次（约长6片新叶）。水肥的浓度可以逐渐增加，但是最高不超过1%。浇水肥后要立即喷施适量的水，以便把撒施在叶面的肥料溶液冲洗干净。 4. 喷水：当土壤田间持水量≤70%时应及时喷水，大致3～4天喷灌1次。

（续表）

月份及生育期	工作内容及注意事项
10月至11月中旬 （旺盛生长期）	1. 结合翻大头进行施肥。 2. 每亩施用尿素5.0千克，15-15-15复合肥10千克；氯化钾（硫酸钾）10千克，采用水肥一体化施肥。有条件每亩可补施硫酸镁4千克，硫酸锌2.5千克，硼砂2.5千克。 3. 每长2片新叶施用一次，施用4～5次（约长8～10片新叶）。水肥浓度不超过1%。浇水肥后要立即喷施适量的水，以便把撒施在叶面的肥料溶液冲洗干净。 4. 喷水：当土壤田间持水量≤70%时应及时喷水，大致3～4天喷灌1次。
11月中旬至12月 （花芽分化期）	1. 此生长阶段的肥料主要是高氮钾复合肥（15-5-30），每株400克；每株追施1.5～2.5千克有机肥，500克钙镁磷肥。采用水肥一体化施肥。 2. 施用4～5次。水肥浓度不超过1%。浇水肥后要立即喷施适量的水，以便把撒施在叶面的肥料溶液冲洗干净。 3. 喷水：当土壤田间持水量≤70%时应及时喷水，大致3～4天喷灌1次。
次年1月 （孕蕾期）	1. 此生长阶段的肥料主要是高氮钾复合肥（10-5-35），每株500克。采用水肥一体化施肥。 2. 施用4～5次。水肥浓度不超过1%。浇水肥后要立即喷施适量的水，以便把撒施在叶面的肥料溶液冲洗干净。 3. 喷水：当土壤田间持水量≤70%时应及时喷水，大致4～5天喷灌1次。
次年2月 （抽蕾期）	1. 每株施用尿素、均衡型复合肥（15-15-15）、硫酸钾（氯化钾）均100克。每10天施用一次，采用水肥一体化施肥。 2. 水肥浓度不超过1%。浇水肥后要立即喷施适量的水，以便把撒施在叶面的肥料溶液冲洗干净。 3. 喷水：当土壤田间持水量≤70%时应及时喷水，大致4～5天喷灌1次。
次年3—5月 （果实发育期）	1. 每株施用尿素、均衡型复合肥（15-15-15）、硫酸钾（氯化钾）均100克。每10天施用一次，采用水肥一体化施肥。 2. 水肥浓度不超过1%。浇水肥后要立即喷施适量的水，以便把撒施在叶面的肥料溶液冲洗干净。 3. 喷水：当土壤田间持水量≤70%时应及时喷水，大致4～5天喷灌1次。 4. 果实采收前20天停止施用水肥，个别蕉株可以适当补施干肥。

（二）无公害食品香蕉生产推荐允许使用的肥料种类

肥料种类	名称	简介
有机肥料	1. 堆肥	以各类秸秆、落叶、人畜粪便堆积而成
	2. 沤肥	堆肥的原料在淹水的条件下发酵而成
	3. 积肥	猪、羊、牛、鸡、鸭、等禽畜的粪尿与秸秆垫料堆成
	4. 绿肥	栽培或野生的绿色植物体作肥料
	5. 沼气肥	沼气液或残渣
	6. 秸秆	作物秸秆
	7. 泥肥	未经污染的河泥、塘泥、沟泥等
	8. 饼肥	菜籽饼、棉籽饼、芝麻饼、茶籽饼、花生饼、豆饼等
	9. 灰肥	草木灰、木炭、稻草灰、糠灰等
商品肥料	1. 商品有机肥	以生物物质、动植物残体、排泄物、废原料加工制成
	2. 腐殖酸类肥料	甘蔗滤泥、泥炭土等含腐殖酸类物质的肥料、环亚氨基酸等
	3. 微生物肥料	
	根瘤菌肥料	能在豆科植物上形成根瘤的根瘤菌剂
	固氮菌肥料	含有自身固氮菌、联合固氮菌剂的肥料
	磷细菌肥料	含有磷细菌、解磷真菌、菌根菌剂的肥料
	硅酸盐细菌肥料	含有硅酸盐细菌、其他解钾微生物制剂
	复合微生物肥料	含有 2 种以上有益微生物，它们之间互不拮抗的微生物制剂
	4. 有机-无机复合肥	以有机物质和少量无机物质复合而成的肥料如畜禽粪便如加入适量锰、锌、硼等微量元素制成
	5. 无机肥料	
	氮肥	尿素、氯化铵、碳酸氢铵
	磷肥	过磷酸钙、钙镁磷肥、磷矿粉
	钾肥	氯化钾、硫酸钾
	钙肥	生石灰、石灰石、白云石粉
	镁肥	钙镁磷肥
	复合肥	三元、三元复合肥
	6. 叶面肥	
	生长辅助类	青丰可得、云苔素、万得福、绿丰宝、爱多收、迦姆丰收，施而得、云大 120、2116、奥普尔、高美施、惠满丰等
	微量元素类	含有铜、铁、锰、锌、硼、钼等微量元素及磷酸二氢钾、尿素、氯化钾等配制的肥料

（续表）

肥料种类	名称	简介
其他肥料	海肥	不含防腐剂的鱼渣、虾渣、贝蚧类等
	动物杂肥	不含防腐剂的牛羊毛废料、骨粉、家畜加工废料等

（三）无公害食品香蕉生产中不应使用的化学农药种类

农药种类	农药名称	禁止原因
无机砷杀虫剂	砷酸钙、砷酸铅	高毒
有机砷杀菌剂	甲基胂酸锌、甲基胂酸铁铵（田安）、福美甲胂、福美胂	高残留
有机锡杀菌剂	薯瘟锡（三苯基醋酸锡）、三苯基氯化锡、毒菌锡、氯化锡	高残留
有机汞杀菌剂	氯化乙基汞（西力生）、醋酸苯汞（赛力散）	高毒、高残留
有机杂环类	敌枯双	致畸
氟制剂	氟化钙、氟化钠、氟乙酸钠、氟乙酰胺、氟硅酸钠、氟脲酸纳	剧毒、高毒、易药害
有机氯杀虫剂	DDT、六六六、林凡、艾氏剂、狄氏剂、氯丹	高残留
卤代烷类熏蒸杀虫剂	二溴乙烷、二溴氯丙烷	致癌、致畸
有机磷杀虫剂	甲拌磷（3911）、久效磷（妞瓦克、铃杀）、对硫磷（1605）、甲基对硫（甲基1605）、甲胺磷（多灭磷）、氧化乐果、丁硫磷（特丁磷）、水胺硫磷（羧胺磷）、磷胺、甲基异柳磷、地虫硫磷（大风雷、地虫磷）	剧毒、高毒
氨基甲酯杀虫剂	克百威（呋喃丹、大扶农）、涕灭威、灭多威	高毒
二甲基脒类杀虫杀螨剂	杀虫脒	慢性毒性致癌
取代苯类杀虫杀菌	五氯酚钠（五氯苯酚）	高毒
二苯醚类除草剂	除草醚、草枯醚	慢性毒性
植物生长调节剂	比久（B9）、2，4-D	致癌

（四）香蕉病害防治

病害名称	危害部位	药剂防治		其他防治
		推荐使用种类与浓度	方法	
香蕉叶斑病	叶片	25%敌力脱乳油 1 000～1 500倍液 50%多菌灵可湿性粉剂 800 倍液 70%甲基托布津可湿性粉剂 800 倍液 40%灭病威悬浮剂 400～800 倍液 77%氢氧化铜可湿性粉剂 1 000～1 200倍液 75%百菌清可湿性粉剂 800～1 000倍液	喷洒叶片	合理密植，勿种得过密； 加强水肥管理，不偏施氮肥； 及时排除蕉园积水； 及时割除吸芽、枯叶、病叶除净杂草，使园内通风透光
香蕉黑星病	叶片、果实	75%百菌清可湿性粉剂 800 倍液 50%多菌灵可湿性粉剂 800 倍液	抽蕾后开苞前喷洒花蕾及其附近叶片	加强管理，提高抗病能力； 对果实套袋
香蕉花叶心腐病	叶片、假茎、果实等	10%吡虫啉可湿性粉剂 3 000～4 000倍液 40%乐果乳油 1 000～5 000倍液 50%抗蚜威可湿性粉剂 100～1 200倍液 2.5%氯氟氰菊酯乳油 2 500～3 000倍液 2.5%溴氰菊酯乳油 2 500～5 000倍液 44%多虫清乳油 1 500～2 000倍液 5%鱼藤酮乳油 1 000～1 500倍液	定期喷洒杀蚜消灭传毒媒介	选用无病健康组培苗，不得从病区调用； 吸芽苗作种苗； 保持园内清洁，及时清除杂草； 及时铲除病株，并集中销毁； 加强肥水管理，不偏施氮肥； 与甘蔗、水稻、大豆或花生等作物轮作
香蕉束顶病	叶片、假茎、果实等	10%吡虫啉可湿性粉剂 3 000～4 000倍液 40%乐果乳油 1 000～5 000倍液 50%抗蚜威可湿性粉剂 100～1 200倍液 2.5%氯氟氰菊酯乳油 2 500～3 000倍液 2.5%溴氰菊酯乳油 2 500～5 000倍液 44%多虫清乳油 1 500～2 000倍液 5%鱼藤酮乳油 1 000～1 500倍液	定期喷洒杀蚜消灭传毒媒介	选用无病健康组培苗，不得从病区调用； 吸芽苗作种苗； 保持园内清洁，及时清除杂草； 及时铲除病株，并集中销毁； 加强肥水管理，不偏施氮肥； 与甘蔗、水稻、大豆或花生等作物轮作

（续表）

病害名称	危害部位	药剂防治		其他防治
		推荐使用种类与浓度	方法	
蕉炭疽病	果实、假茎	2% 农抗 120 水剂 200 倍液 50%多菌灵可湿性粉剂 500～800 倍液 50%施保功可湿性粉剂 1 000倍液 75%百菌清可湿性粉剂 800～1 000倍液	抽穗时开始对花穗和果喷洒	对果实套袋
香蕉根线虫病	根系	3%米乐尔 5 000克/亩	定期进行土壤消毒	选用无病健康组织培苗加强肥水管理；与甘蔗、水稻、大豆或花生作物轮作；植前翻耕土壤，并充分晒白

（五）香蕉虫害防治

虫害名称	危害	药剂防治		其他防治
		推荐使用种类与浓度	方法	
香蕉交脉蚜	主要传播束顶病、花叶心腐病	10%吡虫啉可湿性粉剂 3 000～4 000倍液 40% 乐果乳油 1 000～1 500倍液 50%抗蚜威可湿性粉剂 1 000～1 200倍液 2. 5% 氯氟氰菊酯乳油 2 500～3 000倍液 2. 5% 溴氰菊酯乳油 2 500～5 000倍液 44%多虫清乳油 1 500～2 000倍液 5% 鱼藤酮乳油 1 000～1 500倍液	重点对香蕉心叶、幼株、成株把头处定期喷洒	采用不带蚜虫的组培苗

（续表）

虫害名称	危害	药剂防治		其他防治
		推荐使用种类与浓度	方法	
香蕉花蓟马	使果实表皮粗糙	5%鱼藤酮乳油 1 000～1 500倍液 10%吡虫啉可湿性粉剂 3 000～4 000倍液 40%毒死蜱乳油 1 000～2 000倍液	现蕾时至断蕾时喷洒	加强水肥管理，促使花蕾迅速张开，缩短受害期
香蕉弄蝶（卷叶虫）	卷食叶片，减少叶面积	40%毒死蜱乳油 1 000～2 000倍液 苏云金杆菌粉剂（含活芽胞100亿个/克）500～1 000倍液 5%伏虫隆乳油 1 000～2 000倍液 10%吡早啉可湿性粉剂 3 000～4 000倍液 80%敌百虫可溶性粉剂或晶体 500～800 倍液 2.5%氯氟氰菊酯乳油 2 500～3 000倍液	喷洒叶片	摘除虫苞； 冬季清园，将园内干叶集中烧毁
香蕉假茎象鼻虫	幼虫蛀食假茎、叶柄、花轴	98%杀螟丹可溶性粉剂 5 000倍液 18%杀虫双水剂 1 800～2 000倍液 48%毒死蜱乳油 1 000～2 000倍液	喷洒	选用无虫害的组培苗； 钩杀注道中的幼虫； 经常清园，挖除旧蕉头，集中烧毁
香蕉球茎象鼻虫	幼虫蛀食球茎	50%辛硫磷乳油 1 000～1 500倍液	定植时施入植穴中	选用无虫害的组培苗； 挖除旧蕉头，集中烧毁
香蕉网蝽	若虫吸取叶片汁液	48%毒死蜱乳油 1 000～2 000倍液 40%乐果乳油漆 1 000～1 500倍液 80%敌敌畏乳油 800～1 000倍液 80%敌百虫可溶性粉剂或晶体 500～800 倍液	喷洒	及早清除严重受害叶，并集中烧毁或深埋

（续表）

虫害名称	危害	药剂防治		其他防治
		推荐使用种类与浓度	方法	
香蕉斜纹夜蛾	幼虫咬食幼嫩心叶	5%鱼藤酮乳油 1 000～1 500倍液 25%灭幼脲胶悬剂 1 500～2 000倍液 5%伏虫隆乳油 1 000～2 000倍液 20%氰戊菊酯乳油 2 500～3 000倍液 2.5%氯氟氰菊酯乳油 2 500～3 000倍液 80%敌百虫可溶性粉剂或晶体 500～800 倍液	喷洒	
香蕉叶螨	吸取叶片汁液	10%浏阳霉素乳油 1 000～2 000倍液 0.2%苦参碱乳剂 200～300 倍液 15%速螨酮乳油 1 500～2 000倍液 73%克螨特乳油 2 000～3 000倍液 5%噻螨酮乳油 1 500～2 000倍溶	喷洒	

主要参考文献

陈菁瑛，陈景耀，陈雄鹰，等 . 2011. 香蕉 杧果 番木瓜病虫害防治［M］. 福州：福建科学技术出版社 .

陈清西，纪旺盛 . 2004. 香蕉无公害高效栽培［M］. 北京：金盾出版社 .

陈清西，李冬香 . 2012. 香蕉周年管理关键技术［M］. 北京：金盾出版社 .

董涛，陈新建，凡超 . 2013. 我国香蕉产业面临的主要问题与对策［J］. 广东农业科学，11.

樊小林 . 2007. 香蕉营养与施肥［M］. 北京：中国农业出版社 .

过建春，柯佑鹏，夏勇开 . 2010. 中国香蕉产业经济研究［M］. 中国经济出版社 .

黄秉智，杨护，许林兵，等 . 2005. 抗枯萎病金手指香蕉的引种栽培研究［J］. 东南园艺，(4)：15-16.

黄辉白 . 2003. 热带亚热带果树栽培学［M］. 北京：高等教育出版社 .

黄丽娜，赵增贤，谢子四 . 2015. 反季节宝岛蕉果实生长发育规律研究［J］. 中国南方果树，(5) .

梁有良，樊小林，刘 芳，等 . 2006. 香蕉果实生长发育规律的研究（摘要）［C］// 中国园艺学会热带南亚热带果树分会成立大会暨首届学术研讨会 .

刘绍钦，梁张慧，黄炽辉 . 2007. 抗枯萎病香蕉新品系农科 1 号的选育［J］. 广东农业科学，(1) .

刘文波 . 2013. 香蕉枯萎病菌遗传多样性和致病力分化分析［D］.

海口：海南大学.

吕伟成.2009. 香蕉枯萎病菌生理小种检测技术研究［D］. 福州：福建农林大学.

王红刚等.2015 香蕉病虫害及其无公害综合防治［J］. 南方农业，(7).

韦绍龙等.2016. 香蕉抗（耐）枯萎病新品种桂蕉 9 号的选育及其高产栽培技术［J］. 南方农业学报，(4).

魏守兴，陈业渊.2008. 香蕉周年生产技术［M］. 北京：中国农业出版社.

徐林兵.2006. 中国香蕉产业繁荣背后的隐患［R］. 中国热作学会年会报告.

许林兵，张锡炎，甘东泉，等.2013. ‘海贡蕉’引种试种研究［J］. 热带农业科学，33（8）：24-28.

许林兵等.2016. 抗枯萎病香蕉新品种‘南天黄’的特征与栽培技术要点［J］. 资源开发，(4) 期.

杨静.2016. 香蕉枯萎病菌进化研究和 Foc TR 4 致病相关效应蛋白的鉴定及功能分析［D］. 广州：华南农业大学.

杨昌鹏.2009. 香蕉贮运保鲜及深加工技术［M］. 北京：金盾出版社.

叶明珍.2006. 香蕉枯萎病菌生理小种鉴定及检测技术［D］. 福州：福建农林大学.

张欣.2014. 抗香蕉枯萎病品种宝岛蕉关键生产技术［J］. 热带农业科学，(11).

张福锁.2003. 养分资源综合管理［M］. 北京：中国农业大学出版社.

张锡炎.2006. 南宝农民香蕉合作社——农业织织化发展的有效尝试［C］// 热带作物产业带建设规划研讨会.

中华人民共和国农业部.2006. NYT 5022—2006 无公害食品　香蕉生产技术规程［S］.

中华人民共和国农业部 . 2007. NYT 1395—2007 香蕉包装、贮存与运输技术规程 [S].

中华人民共和国农业部 . 2007. NYT 357—2007 香蕉 组培苗 [S].

中华人民共和国农业部 . 2012. NYT 2120—2012 香蕉无病毒种苗生产技术规范 [S].